T0123347

Super-Food für Wissenshungrige!

Kathrin Burger
Hrsg.

Super-Food für Wissenshungrige!

Warum wir essen, was wir essen

 Springer

Hrsg.
Kathrin Burger
München, Bayern, Deutschland

ISBN 978-3-662-61463-1   ISBN 978-3-662-61464-8   (eBook)
https://doi.org/10.1007/978-3-662-61464-8

Die Deutsche Nationalbibliothek verzeichnet diese Publikation in der Deutschen Nationalbibliografie; detaillierte bibliografische Daten sind im Internet über http://dnb.d-nb.de abrufbar.

Die in diesem Sammelband zusammengefassten Beiträge sind ursprünglich erschienen in Nature, American Scientist, Spektrum.de, Spektrum Spezial, Spektrum Kompakt, Pour la Science und Cerveau & Psycho
© Springer-Verlag GmbH Deutschland, ein Teil von Springer Nature 2020
Das Werk einschließlich aller seiner Teile ist urheberrechtlich geschützt. Jede Verwertung, die nicht ausdrücklich vom Urheberrechtsgesetz zugelassen ist, bedarf der vorherigen Zustimmung des Verlags. Das gilt insbesondere für Vervielfältigungen, Bearbeitungen, Übersetzungen, Mikroverfilmungen und die Einspeicherung und Verarbeitung in elektronischen Systemen.
Die Wiedergabe von allgemein beschreibenden Bezeichnungen, Marken, Unternehmensnamen etc. in diesem Werk bedeutet nicht, dass diese frei durch jedermann benutzt werden dürfen. Die Berechtigung zur Benutzung unterliegt, auch ohne gesonderten Hinweis hierzu, den Regeln des Markenrechts. Die Rechte des jeweiligen Zeicheninhabers sind zu beachten.
Der Verlag, die Autoren und die Herausgeber gehen davon aus, dass die Angaben und Informationen in diesem Werk zum Zeitpunkt der Veröffentlichung vollständig und korrekt sind. Weder der Verlag, noch die Autoren oder die Herausgeber übernehmen, ausdrücklich oder implizit, Gewähr für den Inhalt des Werkes, etwaige Fehler oder Äußerungen. Der Verlag bleibt im Hinblick auf geografische Zuordnungen und Gebietsbezeichnungen in veröffentlichten Karten und Institutionsadressen neutral.

Planung/Lektorat: Sarah Koch
Springer ist ein Imprint der eingetragenen Gesellschaft Springer-Verlag GmbH, DE und ist ein Teil von Springer Nature.
Die Anschrift der Gesellschaft ist: Heidelberger Platz 3, 14197 Berlin, Germany

Vorwort Springer-Buch „Ernährung"

Pflanzen wie Getreide anzubauen und züchterisch weiter zu entwickeln, galt Evolutionsbiologen lange als ein einzigartiges, revolutionäres Ereignis in der Menschheitsgeschichte mit einem Ursprungsort. Doch unsere Vorfahren haben sich lange vor dem so genannten Neolithikum vor etwa 10.000 Jahren auch schon von Wurzelgemüse, Hülsenfrüchten und Wildgetreide ernährt – ein systematischer Anbau entstand vermutlich in mehreren Regionen des Nahen Ostens parallel. Mit einem Text über die Evolution der Landwirtschaft startet dieses Buch. Ein weiterer Text blickt auf den langen Weg zurück, den die Obstzucht genommen hat. In diesem ersten Kapitel namens „Landwirtschaft: gestern und heute" geht es dann chronologisch weiter mit modernen Züchtungsmethoden sowie Ideen, wie der Mensch sich in Zukunft ernähren wird. Werden wir nur noch Fische aus Aquakulturen beziehen weil die Meere leer gefischt sind? Werden wir

Gemüse in Garagen oder an Hochhäusern anbauen anstatt Land dafür zu verbrauchen? Stellen Insekten ein Lebensmittel dar, das uns mit ausreichend Protein versorgen könnte, ohne dass bei der Produktion übermäßig viel Land, Energie oder Wasser beansprucht wird? Wichtig sind diese Fragen auch im Hinblick auf die drohenden Umweltkrisen.

Die längste Zeit seiner Existenz aß der *Homo sapiens* um satt zu werden. Heute ist Essen überladen mit zahlreichen Ansprüchen: Es soll schmecken und billig sein, schlank und gesund halten, zudem die Umwelt und die Tiere schonen. Das Gesundheitspotenzial von Ernährung wird immer besser erforscht. Lange hat man vor allem tierisches Fett als Bösewicht angesehen, heute weiß man, dass zumindest das Milchfett unproblematisch ist, wie ein Text in der Rubrik „Von gesunder Ernährung und Hypes" berichtet. Tatsächlich ist unsere heutige Ernährungsweise mit den vielen überzuckerten und fettreichen Convenience-Produkte der Gesundheit abträglich. Dennoch sind Pauschalisierungen mit Vorsicht zu genießen, denn die Wissenschaft deckt mit den Einsichten in die Rolle der Gene und den daraus entstehenden Metaboliten zunehmend auf, dass nicht jeder Mensch identisch auf ein Lebensmittel reagiert. Neben der Wissenschaft florieren Hypes, die oft von selbst ernannten Experten angestoßen werden. Daher finden sich immer mehr Diäten, die im Internet oder in Ratgebern propagiert werden: Etwa das Clean Eating, Veganismus, gluten- oder laktosefreie Kostformen oder auch Entgiftungsdiäten (Detox). Leider basieren diese meist nicht auf wissenschaftlichen Fakten. Zudem können sie in extremen Fällen auch Schäden anrichten. Manch einer greift auch zu Vitaminpillen. Dass das unnötig ist und nicht vor Volksleiden wie Herzkrankheiten zu schützen vermag, zeigt ein Artikel im Kapitel „Braucht es Vitamintabletten?" Auch das Altern kann mittels antioxidativen Vitaminen nicht aufgeschoben werden – im Gegenteil: Tabletten können auch unerwünschte Nebenwirkungen haben.

Doch mittels bestimmter Lebensmittel soll nicht nur Gesundheit erlangt werden, für viele Mitbürger ist die Ernährungsform geradezu zu einem Identifikationsmerkmal und Religionsersatz geworden. Manche essen so überaus gesund und versagen sich immer mehr Lebensmittel, dass sie in eine Essstörung: die sogenannte Orthorexia Nervosa, schliddern, wie ein Artikel im Kapitel „Essen als kulturelles Totalphänomen" beleuchtet. Dass Männer anders als Frauen essen, hat vor allem gesellschaftliche Hintergründe und weniger physiologische. Ein weiterer Text in diesem Kapitel versucht zu erklären, warum wir bei Eis oder Chips nicht „nein" sagen können, ein anderer, warum Diäten so oft scheitern. Auch das Fasten gehört in vielen Kulturen zur Normalität. Dass der zeitweise komplette Verzicht auf Nahrung womöglich nicht nur spirituelle Erfahrungen mit sich bringt sondern womöglich auch gesund ist, wird in diesem Kapitel auch behandelt.

Letztlich wirft auch die Erforschung des Mikrobioms, also der unzähligen Bakterien, Viren und Pilze im Darm spannende Fragen auf. Die Arbeiten dazu offenbaren deutlich, wie komplex die Verdauung und dass noch längst nicht ganz verstanden ist, welche Wirkung Lebensmittel im Körper entfalten. „Blackbox Mikrobiom" heißt darum das letzte Kapitel. Diskutiert wird etwa, ob Mikroben zu Übergewicht führen oder auch bei psychiatrischen Krankheiten eine Rolle spielen. Wird also einst der Arzt Probiotika anstatt Antidepressiva verschreiben? Das wird die Zukunft zeigen.

München   Kathrin Burger
29.11.2019

Inhaltsverzeichnis

Neolithisierung: Der lange Weg zur Landwirtschaft

Simone Riehl

Pflanzen zu züchten, galt Forschern lange als Technologiesprung. Sie erachteten die neolithische Lebensweise als Revolution, die von einem einzigen Ursprungsort ausging. Jetzt mehren sich die Hinweise, dass es in Wirklichkeit anders war.

Nur ein Drittel der Weltbevölkerung betreibt Ackerbau, doch ohne diesen könnte die Menschheit nicht überleben. Mehr als die Hälfte unseres Kalorienbedarfs decken wir – über alle Kulturen und Völker gemittelt – seit Jahrtausenden durch Kohlenhydrate, deren Löwenanteil wiederum aus Getreiden stammt. Die Entwicklung der Landwirtschaft an Stelle von Jagen und Sammeln war deshalb mehr als eine Innovation: Vor allem der

S. Riehl (✉)
Tübingen, Deutschland

© Springer-Verlag GmbH Deutschland, ein Teil von Springer Nature 2020
K. Burger (Hrsg.), *Super-Food für Wissenshungrige!*,
https://doi.org/10.1007/978-3-662-61464-8_1

Getreideanbau stellt einen wichtigen Schritt in der Evolution der Menschheit dar. Vorbereitet wurde er Zehntausende von Jahren, bevor der erste Bauer einen Acker bestellte. So aßen jene Neandertaler, die vor mindestens 44 000 Jahren am heutigen nordirakischen Fundplatz Shanidar III lebten, bereits Wildgerste und andere Gräsersamen. Mitarbeiter des Max-Planck-Instituts für evolutionäre Anthropologie in Leipzig haben die Grabungsfunde, die seit den 1970er Jahren in Archiven schlummerten, mit neuen mikroskopischen Methoden vor Kurzem untersucht. Sie entdeckten auf allen Zähnen Stärkekörner. Weil einige davon offenbar erhitzt worden waren, gehen die Forscher davon aus, dass die Mahlzeit gekocht wurde. In mindestens 40 000 Jahre alten Schichten der israelischen Fundstelle Gesher Benot Ya'aqov entdeckten Archäobotaniker Überreste von Hülsenfrüchten, Weintrauben und möglicherweise sogar von Oliven. Die Bewohner der zeitgleichen, ebenfalls in Israel gelegenen Stätten Amud Cave und Kebara Cave (siehe Abb. 1) bereicherten ihren Speiseplan wohl systematisch durch Linsen, Pistazien und Eicheln.

Gehören diese Fundplätze in das Mittelpaläolithikum (200 000 bis 40 000 Jahre vor heute; diese Angabe bezieht sich nach internationaler Konvention auf das Jahr 1950), so datieren die ältesten mit entsprechenden Hinweisen in Europa erst in das Jungpaläolithikum (um 40 000 bis 10 000 vor heute). Es sind vor allem Stärkepartikel auf Mahlwerkzeugen und Mörsern, die hier für eine intensive Nutzung wilder Getreide oder Hülsenfrüchte sprechen. Getreidekörner, deren Größe der von Kulturpflanzen ähnelt, kamen erstmals am syrischen Fundplatz Abu Hureyra zu Tage, dessen älteste archäologische Schichten etwa 11 500 Jahre alt sind.

Die Zeit vorher, in der Menschen begannen, Wildgetreide zu kultivieren, beschäftigt Archäologen und

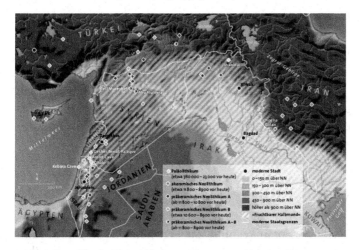

Abb. 1 Vor 12 000 Jahren begannen Menschen in der heute als Fruchtbarer Halbmond bezeichneten Region erstmals Wildgetreide systematisch zu sammeln. Vermutlich hegten und pflegten sie zunächst die Vorkommen, bevor sie durch die Auswahl und Anpflanzung ertragreicherer Pflanzen die domestizierten Formen züchteten. Lange Zeit suchten Prähistoriker und Archäobotaniker nach einem Ort, an dem diese Entwicklung ihren Anfang nahm. Doch mehr und mehr zeichnet sich ab, dass die »Neolithisierung« nicht derart lokalisierbar ist, sondern in einem engen Zeitraum an mehreren Siedlungsplätzen aufkam. Dies bestätigen auch die Grabungen der Autorin und ihrer Kollegen in Chogha Golan, einem iranischen Fundort am Fuße des Zagros-Gebirges, © Spektrum der Wissenschaft,/ EMDE-GRAFIK, nach: Simone Riehl

Botaniker seit mehr als 100 Jahren. Um 1870 definierte der Bankier und Hobbyarchäologe Sir John Lubbock in seinem Werk »On the Origin of Civilization« erstmals den Begriff »Neolithikum« als jenes Zeitalter, in dem der Mensch sesshaft wurde, Ton zu Gefäßen formte und diese trocknen ließ, später auch brannte, Steinäxte mit polierten Klingen herstellte sowie Kulturpflanzen anbaute und Tiere domestizierte. 1936 prägte der Australier Gordon Childe die Forschung mit seiner Idee von einer »neolithischen

Revolution«: Ähnlich bedeutsam wie die industrielle Revolution sollte demnach dieser Umschwung mit großer Dynamik abgelaufen sein. Childe legte auch ein schlüssig wirkendes Modell vor: Nach der letzten Eiszeit hätte eine Phase der Trockenheit die Menschen in Südwestasien gezwungen, sich in den verbliebenen Oasen und Flusstälern anzusiedeln, statt weiterhin als Nomaden umherzuziehen.

Der an der University of Chicago lehrende Robert Braidwood überprüfte diese These nach dem Zweiten Weltkrieg durch gezielte Ausgrabungen in Kurdistan, Iran und der Südosttürkei. Er war der erste Archäologe, der auch Botaniker und Zoologen mit in sein Team aufnahm. Dem interdisziplinären Ansatz trug das von ihm entwickelte Modell Rechnung: Weil auf den Ausläufern des Zagros-Gebirges im westlichen Iran zahlreiche neolithische Fundplätze lagen und zudem in reichem Maß die wilden Vorfahren unserer heutigen Getreide wuchsen, wäre die Landwirtschaft in jenem Kerngebiet entstanden. Heute geht man davon aus, dass dieser Prozess unabhängig voneinander in verschiedenen Teilen des Fruchtbaren Halbmonds ablief, eines im Winter niederschlagsreichen Gebiets, das die westliche Levante, das Grenzgebiet Nordsyriens zur Türkei, den Nordirak und den nordwestlichen Iran umfasst. Schon der russische Botaniker und Pflanzengenetiker Nicholai Vavilov hatte 1928 dieses Gebiet anhand seiner Biodiversität als einen möglichen Ursprung heutiger Kulturpflanzen in der Alten Welt ausgemacht. Mit der Erweiterung des archäologischen Methodenspektrums ab den 1960er Jahren rückten die Veränderungen von Wirtschaft und Umwelt ins Zentrum der Erklärungsmodelle. Die als »processual archaeology« oder auch »new archaeology« bezeichnete Denkschule propagierte, die kulturelle Evolution des Menschen anhand archäologischer Artefakte und der mit naturwissenschaftlichen Methoden gewonnenen Daten zu erschließen. Allerdings läuft dieser Ansatz Gefahr, bei der Interpretation archäologischer Befunde den für die betreffende Zeit rekonstruierten Umweltbedingungen eine geradezu deterministische Bedeutung zuzusprechen.

Der amerikanische Archäologe Kent Flannery von der University of Michigan prägte um 1965 bezüglich der Neolithisierung das Modell der »Ökonomie des breiten Spektrums«, das später in Anlehnung an Childe als »broad spectrum revolution« bezeichnet wurde. Demnach hätten zwei klimatische Veränderungen die Zahl der großen Jagdtiere wie Damwild und Wildschwein jeweils stark reduziert: die Erwärmung am Ende der letzten Eiszeit um 15 000 vor heute sowie ein erneuter Kälteeinbruch etwa 13 000 bis 11 600 vor heute, Jüngere Dryas genannt. Die Jäger seien gezwungen gewesen, auch kleinere Tierarten wie Gazelle und Hase zu erbeuten – und die Landwirtschaft zu entwickeln. Nicht zuletzt aus methodischen Gründen ist es bisher aber nicht gelungen, für den Fruchtbaren Halbmond einen sicheren Nachweis für einen solchen Einfluss klimatischer Schwankungen zu erbringen.

Stressfaktoren als Auslöser kulturellen Wandels diskutierten die Archäologen in den 1970er Jahren, inspiriert durch die politischen Veränderungen jener Zeit. Die Neolithisierungsmodelle von Lewis Binford, der bis in die 1990er Jahre an verschiedenen amerikanischen Universitäten lehrte, und von Mark Cohen von der Princeton University nennen Populationsdruck und Nahrungsmangel infolge von Klimaverschlechterungen als mögliche Ursachen der Neolithisierung. Um solche Modelle zu überprüfen, müsste man aber die Populationsdichte in Relation zu den damals vorhanden Ressourcen setzen, was mangels eindeutiger Belege bis heute ebenfalls nicht möglich ist.

NEOLITHISCHE EVOLUTION

1. Gleich der Industrialisierung im 19. Jahrhundert wurde auch das Aufkommen der Landwirtschaft vor fast 12 000 Jahren lange als revolutionärer Einschnitt in die Menschheitsgeschichte angesehen.
2. Dementsprechend suchten Archäologen nach einem Ursprungsort oder zumindest nach wenigen Kerngebieten dieser neuen Technologie.
3. Jüngste Grabungen im Iran lassen aber vermuten, dass sich der Landbau in mehreren Gebieten des Fruchtbaren Halbmonds parallel entwickelte. Möglicherweise basiert die Neolithisierung auf den kognitiven Fähigkeiten des Menschen und seinem Vermögen, sich optimal an seine Umwelt anzupassen.

Landwirtschaft erfordert soziale Kompetenz

Ab den 1980er Jahren brachte vor allem Ian Hodder von der Stanford University kulturelle Bedürfnisse als Auslöser ökonomischer Entscheidungen ins Spiel, wie etwa Veränderungen im rituellen und sozialen Miteinander, die Modifikationen bei Arbeitsteilung und Arbeitsabläufen zur Folge hatten. In jüngster Zeit bereichert die Kognitionspsychologie das Spektrum der Erklärungen. So geht Trevor Watkins, Emeritus der University of Edinburgh, davon aus, dass das menschliche Sozialverhalten erst vor etwa 12 000 Jahren ein Niveau erreichte, das Interaktionen möglich machte, wie die Landwirtschaft sie erfordert – auch die Fähigkeit, dauerhaft mit einer Vielzahl von Menschen an einem Ort zusammenzuleben. Mag die Logik dieser Argumentation bestechen, so sind hier eindeutige archäologische Beweise kaum zu finden. Inzwischen glauben die meisten Experten nicht mehr an einen einzigen Faktor, der die neolithische Lebensweise hervorbrachte, sondern an ein Ursachengeflecht. Dementsprechend gab es wohl auch keinen einzelnen Ort, an dem alles begann. Fortschritte bei der Unterscheidung von wilden und domestizierten Getreiden ermöglichten diesen Meninungswandel. Heute weiß man, dass Körner allein keine eindeutige Differenzierung zwischen wilden und domestizierten Arten erlauben, wohl aber die Einbeziehung von Spelzen, also von jenen kleinen Hüllen und Stielchen, die in der Ähre die Körner umschließen und halten. Während die Vermehrung wilder Pflanzen bedingt, dass die Ähre zur Reifezeit aufbricht und der Samen zu Boden fällt, soll dies bei der Kulturpflanze unterbleiben.

Problematischer ist es freilich, Wildformen, die nur gesammelt wurden, von solchen zu unterscheiden, die zwar noch nicht durch Züchtung verändert, aber doch bereits gezielt angebaut wurden. Dabei hilft die Vermessung von Getreidekörnern, deren Größen sich im Lauf der Kultivierung änderten. Und natürlich liefern Vorratsgefäße oder -gruben sowie Geräte zur Ernte und zur Verarbeitung von Getreide wie Sichelklingen, Mahlplatten und Mörser einen Hinweis darauf, dass die betreffenden Wildpflanzen einen wichtigen Platz im Nahrungsspektrum einnahmen.

Überraschende Funde im Iran

Nach diesen Kriterien galten bislang als älteste Fundplätze für die systematische Nutzung von Wildgetreiden: Ohalo II Israel mit einem Alter von 23 000 Jahren vor heute sowie Tell Abu Hureyra mit rund 13 000 Jahren. Der Archäobotaniker Gordon Hillman vom University College London fand hier Roggen mit Merkmalen von Domestikation. In den zentralen Teil des Fruchtbaren

Halbmonds gehört der Tell Mureybet (11 400 vor heute), wo Einkorn nachgewiesen wurde.

Insgesamt zeigt sich für das Gesamtgebiet, dass Getreide mit Merkmalen gezielter Züchtung innerhalb des Fruchtbaren Halbmonds zwischen 10 300 und 9700 vor heute auftauchte (Abb. 2). Archäobotaniker sprechen von drei bis fünf Kerngebieten, wobei diese Einschätzung kritisch gesehen werden muss, da aus den dazwischenliegenden Gebieten keine Untersuchungen vorliegen, bis vor Kurzem auch nicht aus dem Iran – in diesem Fall aus politischen Gründen.

Entstand das Knowhow dort jeweils eigenständig, oder verbreitete es sich durch einen Austausch von Ideen und Techniken? Dass Menschen bereits im Paläolithikum große Distanzen zurücklegten und Objekte tauschten,

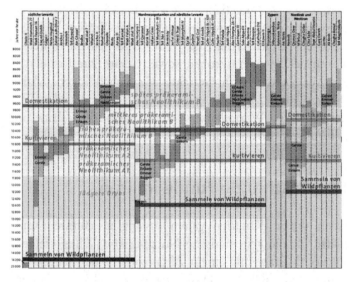

Abb. 2 Die Übersicht zeigt, dass die Phasen der Neolithisierung, vom Sammeln von Wildgetreiden bis zu ihrer Domestikation, im Gebiet des Fruchtbaren Halbmonds eng verzahnt abliefen.
© Spektrum der Wissenschaft, nach: Simone Riehl

beweisen beispielsweise Meeresmuscheln, die im Binnenland ausgegraben wurden, oder Werkzeuge aus einer Gesteinsart, die am Fundort nicht vorkommt. So ist schon seit Langem bekannt, dass bereits am Ende der Eiszeit (um 16 000 vor heute) Obsidian aus Anatolien über mehrere hundert Kilometer bis nach Syrien und in den Iran gehandelt wurde. Doch wie verhält es sich mit Wildgetreiden? Pollenanalysen aus verschiedenen Gebieten des Fruchtbaren Halbmonds belegen, dass dort gegen Ende der Jüngeren Dryas um (11 600 vor heute) überall Süßgräser wuchsen. Ihre bislang früheste Nutzung fand im Westen der Region statt, um 23 000 vor heute. Im zentralen Teil der Region kamen um 10 400 vor heute dann domestizierte Typen auf. Bis vor Kurzem erklärte man sich das durch einen Transfer per Kulturdiffusion aus dem Westen in den Osten.

Kürzlich aber hat unser Archäologenteam von der Universität Tübingen in Kooperation mit dem Iranischen Zentrum für Archäologische Forschung (ICAR) dieses Modell in Frage gestellt. Am Fundplatz Chogha Golan am Fuß des Zagros-Gebirges konnten wir die Kultivierung der Wildgerste über einen Zeitraum von 11 400 bis 9600 vor heute nachvollziehen. Offenbar gab es im Osten eine eigenständige Tradition der Kultivierung von Wildgetreiden, denn der frühe Zeitpunkt macht eine Übernahme aus den zentralen Regionen unwahrscheinlich.

Archäobotanische Untersuchungen zu späteren Phasen im Fruchtbaren Halbmond zeigen auch, dass die Menschen dort nach dem Aufkommen der Landwirtschaft das Sammeln und Jagen nicht aufgaben, sondern ihr Nahrungsspektrum dadurch ergänzten. Vermutlich handelt es sich um ein dem Menschen eigenes Verhaltensprinzip, alle natürlichen Ressourcen zu nutzen. So gesehen erscheint die Landwirtschaft weniger als technologische Innovation denn als Ergebnis eines evolutionären Prozesses von Anpassungen. Dank seiner kognitiven Fähigkeiten vermochte der Mensch die natürlichen Zusammenhänge zu verstehen. Dann übernahm ein neues Verhaltensmuster das Regiment – im Wissen um die Wankelmütigkeit der Natur galt es, Notständen vorzubeugen. Es begann als Bestandssicherung durch Pflege und entwickelte sich zur Überschussproduktion. Domestikation ereignete sich dabei eher zufällig: Indem Wildpflanzen mit brüchigen Ährchen immer seltener in die Erntegefäße und zur Aussaat gelangten, überwogen schließlich solche Mutanten, die stabile Ährchen hervorbrachten, was den Ernteertrag verbesserte. Ab wann Bauern solche Zusammenhänge durchschauten und aktiv mit der Züchtung ertragreicher Sorten begannen, ist eine der Fragen an die künftige Forschung.

Aus Spektrum der Wissenschaft Spezial Biologie – Medizin – Hirnforschung 01/2016.

Literatur

Braidwood RJ (1960) The agricultural revolution. Scientific American 131–148

Fuller D (2007) Contrasting patterns in crop domestication and domestication rates: recent archaeobotanical insights from old world. Annals of Botany 100:903–924

Riehl S et al (2013) Emergence of agriculture in the foothills of the Zagros mountains of Iran. Science 341:65–67

PD Dr. Simone Riehl forscht am Institut für Naturwissenschaftliche Archäologie – Archäobotanik der Eberhard Carls-Universität Tübingen.

Pflanzenzucht: Genetische Erosion

Kathrin Burger

Damit Obst und Gemüse süßer, haltbarer und ansehnlicher werden, verändern Züchter das Erbgut vieler Sorten immer weiter. Doch bleiben dabei vielleicht auch jene Inhaltsstoffe auf der Strecke, die sie für uns so gesund machen?

Obst und Gemüse sind gesund. Wer viel davon isst, der feit sich gegen Herzkrankheiten, möglicherweise auch noch gegen Diabetes, Krebs und Demenz. Doch seit Jahrzehnten modeln Pflanzenzüchter das Genom der Pflanzen um, optimieren es auf Ertrag, Resistenz, Haltbarkeit und schönes Aussehen. Modernes Obst und Gemüse soll oft möglichst süß und bitterstoffarm sein, um dem Verbrauchergaumen zu schmeicheln. Denn

K. Burger (✉)
München, Deutschland

© Springer-Verlag GmbH Deutschland, ein Teil von Springer Nature 2020
K. Burger (Hrsg.), *Super-Food für Wissenshungrige!*,
https://doi.org/10.1007/978-3-662-61464-8_2

die Evolution hat uns eingeimpft, dass Bitteres giftig ist, während Süße Nährstoffreichtum und Ungefährlichkeit anzeigt. Und so züchtet man bereits Gurken, Chicorée und Grapefruits ohne Bitterstoffe und trimmt Bananen, Orangen und kernlose Trauben auf einen hohen Zuckergehalt. Auch Tomaten oder Äpfel brauchen eine gewisse Süße, allerdings bei gut austariertem Säuregehalt. Die Aromastoffe bleiben bei all dem häufig auf der Strecke, und eigentlich als gesund geltende Farbstoffe wurden inzwischen als unerwünscht ausgemacht, etwa das Blau bei Mais, Spargel oder Kartoffeln.

Experten sprechen in diesem Zusammenhang von einer »genetischen Erosion«, bei der die genetische Vielfalt innerhalb verschiedener Pflanzenarten verloren geht. Ein Verlust, der streng genommen bereits vor 10 000 Jahren begonnen hat, als der Mensch aufhörte, sich von wilden Pflanzen zu ernähren, und dafür Feld und Acker bestellte. Damals selektierte der Bauer vermutlich die ertrag- und aromareichsten Vertreter einer Linie, die zusätzlich ein angenehmes Mundgefühl erzeugten, während heute zunehmend die Lebensmittel verarbeitende Industrie neue Anforderungen an die Züchter stellt. Beispielsweise wurde extra für die Zubereitung von Fertig-Sandwiches eine Tomate entwickelt, die wenig Saft enthält.

Die US-amerikanische Journalistin Jo Robinson warnt in ihrem Buch „Eating on the Wild Side", dass mit dieser Verschlankung des Genpools auch so genannte sekundäre Pflanzenstoffe auf der Strecke bleiben, die für zahlreiche gesundheitsfördernde Effekte von Obst und Gemüse verantwortlich sein sollen. Rund 8000 verschiedene solcher Stoffe, die der Pflanze als Abwehrstoffe gegen Fressfeinde und als Wachstumsregulatoren dienen oder ihren Früchten Farbe verleihen, haben Chemiker in Nahrungspflanzen bislang aufgespürt. Die bekanntesten Vertreter sind: Lykopin in der Tomate, Resveratrol in Trauben und Katechine im Tee. Löwenzahn hat beispielsweise laut Robinson siebenmal mehr gesunde Inhaltsstoffe als Spinat, und manche Apfelsorten sollen gar 100-mal mehr sekundäre Pflanzenstoffe liefern als ein schnöder Golden Delicious. Eine lilafarbene Kartoffel aus Peru soll glatt 24-mal so viele Anthocyane wie eine normale Kartoffel enthalten. „Allein die Anthocyane haben das Potenzial, Krebs zu bekämpfen, Entzündungen zu lindern, Cholesterinspiegel und Blutdruck zu senken, das alternde Gehirn zu schützen und das Risiko für Übergewicht und Herzkrankheiten zu vermindern", schreibt Jo Robinson.

Wissenschaftlich nicht haltbar

Verschiedene Zeitungen griffen Robinsons Warnungen auf. Wissenschaftlich bestätigen lässt sich diese Theorie – so plausibel sie auch erst einmal klingen mag – allerdings nicht. Es stimmt zwar, dass heutige Supermarktsorten teilweise nicht mehr so viele verschiedene sekundäre Pflanzenstoffe bergen wie alte Sorten oder gar Wildarten. So hat etwa Detlef Ulrich, Chemiker am Julius Kühn-Institut, in eigenen Untersuchungen mit 70 verschiedenen Sorten bei handelsüblichen Erdbeeren geringere Aromastoffgehalte nachgewiesen als bei Wildformen. Von den blumig-zitrusartigen Terpenen fand Ulrich beispielsweise in der wilden Moschuserdbeere *(Fragaria moschata)* bis zu achtmal mehr als in der Elsantaerdbeere aus dem Supermarktregal. Diese Aromen stehen im Ruf, möglicherweise gegen Mikroben zu wirken und Entzündungen einzudämmen.

Und auch für Apfelphenole, denen verschiedene Studien ebenfalls eine gesundheitsförderliche Wirkung zuschreiben, die allerdings einen bitteren Geschmack mit sich bringen, ist der Rückgang belegt. „Ob das für sämtliche Obst- und Gemüsesorten verallgemeinert werden kann, ist jedoch nicht klar", sagt Ulrich. Beispielsweise liefere Kohl sehr viele Aromastoffe, die als gesund gelten. Diese Variabilität führt dazu, dass zwischen den positiven Stoffen und dem Geschmack kein strenger Zusammenhang besteht. Es sind heute bereits äußerst mild schmeckende Brokkolisorten auf dem Markt, die sehr wohl wichtige sekundäre Pflanzenstoffe liefern wie etwa Glucosinolate oder Provitamine.

Zudem ist ungewiss, ob sich die verringerten Mengen an Pflanzenstoffen tatsächlich auf die Gesundheit auswirken. „Das wurde bei den Studien nicht untersucht", sagt Ulrich. Es gibt vereinzelte Arbeiten, die auf einen solchen Effekt hindeuten und auch in Robinsons Buch zitiert und als Beweis angeführt werden. Bei einer iranischen Studie aus dem Jahr 2011 etwa hat der Ernährungswissenschaftler Mohammad Reza Vafa 23 übergewichtigen Männern mit erhöhtem Cholesterinspiegel über acht Wochen hinweg eine Golden-Delicious-Kur angedeihen lassen. Die Kontrollgruppe bekam keine gesonderten Ernährungsempfehlungen. Das verblüffende Ergebnis: In der Apfel-Gruppe hatten sich einige Blutfettwerte sogar noch verschlechtert. Vafa erklärt dieses Phänomen mit dem marginalen Gehalt an gesunden Polyphenolen und dem hohen Fruchtzuckergehalt des Golden Delicious. „An apple a day did not keep the doctor away", textete Robinson daraufhin.

Solche Studien sind jedoch zu klein, um wirklich als Beleg für die scheinbare Wertlosigkeit der heutigen Gemüsesorten herhalten zu können. Außerdem ist ein hoher Blutfettspiegel nur ein so genannter „Surrogatmarker", er sagt allein über Gesundheitsrisiken wie etwa das Herzinfarktrisiko wenig aus. Bernhard Watzl, Ernährungswissenschaftler am Max Rubner-Institut, kritisiert zudem, dass die Forscher die Ernährung ihrer Probanden als Ganzes nicht kontrollierten – was unabdingbar ist für die korrekte Interpretation der Ergebnisse.

Wie gut tun uns sekundäre Pflanzenstoffe wirklich?

Umgekehrt ist nicht ausreichend bewiesen, in welchem Umfang die sekundären Pflanzenstoffe wirklich dem Körper zuträglich sind. In Zellkultur- und Tierversuchen waren diese zwar oft wirksam, und neuerdings weisen auch epidemiologische Studien darauf hin, dass einige dieser Stoffe vor Krebs schützen, aggressive Substanzen im Körper abfangen, Entzündungen hemmen oder Bakterien und Viren abtöten können. Aber:

> „Für den Gesundheitseffekt spielt nicht eine einzelne Gruppe an sekundären Pflanzenstoffen eine Rolle, sondern die Vielfalt und Komplexität der gesamten Ernährung", erklärt Bernhard Watzl.

Zudem werden Obst und Gemüse ja nicht nur wegen ihrer sekundären Pflanzenstoffe empfohlen. „Die Energiedichte ist trotz geringfügig höherer Zuckergehalte im Vergleich zu vielen anderen Lebensmitteln immer noch niedrig", sagt Thomas Ellrott, Ernährungspsychologe an der Universität Göttingen. Als Energiedichte bezeichnet man den Kaloriengehalt eines Lebensmittels pro Gewicht oder Portion. Ist der Gehalt gering, wie etwa bei Suppen oder Salaten, heißt das im Umkehrschluss, dass die Speise viel Wasser liefert, man schneller satt ist und damit Übergewicht vorbeugt. Übergewicht gilt wiederum als einer der Wegbereiter für Diabetes, Herzkrankheiten und Darmkrebs.

Obendrein sind Obst und Gemüse reich an vielen Mikronährstoffen wie Magnesium, Kalium, Kalzium oder Eisen, neben Vitamin C, E und Betacarotin. Zudem stecken im Grünzeug Ballaststoffe. „Daher sehe ich keinerlei Nachteil für die heute handelsüblichen Sorten", meint Ellrott. Und Bernhard Watzl führt noch ein Argument ins Feld: „Gleichzeitig verdrängen Obst und Gemüse in einem gewissen Umfang andere Lebensmittel mit einem geringeren präventiven Potenzial." Damit viel Obst und Gemüse gegessen wird, muss es schmecken. Dies sei ein Vorteil der bitterstoffarmen Sorten, vermutet Ellrott: „Möglicherweise werden entsprechend gezüchtete Gemüsesorten so auch für Verbraucher interessant, welche die herberen Varianten ablehnen." Tatsächlich aßen die Deutschen laut dem Ernährungsbericht der DGE in den vergangenen Jahren mehr Gemüse, möglicherweise eine Folge der züchterisch veränderten Geschmacksprofile.

Eine Gegenbewegung gibt es trotzdem: So hat der Saatgutgigant Monsanto einen Brokkoli namens „Beneforte" gezüchtet, der zwei- bis dreimal mehr von dem natürlichen Antibiotikum Glucoraphanin enthält als ein herkömmlicher. Und ein holländischer Züchter brachte eine besonders lykopinreiche Tomate auf den Markt. Zudem versuchen einige Forscher auch verloren gegangene Pflanzenstoffe wieder zurückzuzüchten, teilweise indem vergessene Sorten wieder eingekreuzt werden. Einige Verbraucher helfen sich aber lieber selbst: Auf Wochenmärkten und in Schrebergärten floriert nonkonformes Gemüse. Der Wissenschaftler Ulrich hat ebenfalls einen eigenen Gemüsegarten: „Die Wildarten und die alten Sorten schmecken mir einfach besser." Und lustvolles Essen, so zeigen neue Studien aus der Neurogastronomie, kann tatsächlich auch gut für Gesundheit und Wohlbefinden sein.

Aus: Spektrum der Wissenschaft Kompakt: Gesund Essen – Ein medizinischer Blick auf den Teller, 09/2018

Literatur

Robinson J (2013) „Eating on the wild side". Little, Brown and Company. ISBN: 978-0-316-22794-0

Vafa MR et al (2011) Effects of apple consumption on lipid profile of hyperlipidemic and overweight men. International Journal of Preventive Medicine 2(2):94–100

Kathrin Burger lebt und arbeitet als Freie Wissenschaftsjournalistin in München. Sie hat Ökotrophologie studiert und einige Bücher zum Thema Ernährung publiziert.

Köstliche Früchte ohne Gentechnik

Ferris Jabr

Tomaten, die schön aussehen und haltbar sind, müssen nicht fad schmecken. Gezielte genetische Analysen von Pflanzen und Samen zusammen mit herkömmlicher Kreuzung machen es möglich, ihnen die früheren Aromen wiederzugeben, ohne auf die „praktischen" Eigenschaften verzichten zu müssen.

Oft sehen Obst und Gemüse zwar verlockend aus, doch der Geschmack lässt zu wünschen übrig. Jetzt können Züchter ihn wieder in die Früchte zaubern: mit genetischen Tricks – aber ganz ohne Gentechnik!

Das Obst und Gemüse in Supermärkten soll vor allem das Auge ansprechen und allein durch das Aussehen zum Kauf verleiten. Später sind wir oft enttäuscht: Die Tomaten

F. Jabr (✉)
Portland, Oregon, USA

© Springer-Verlag GmbH Deutschland, ein Teil von Springer Nature 2020
K. Burger (Hrsg.), *Super-Food für Wissenshungrige!*,
https://doi.org/10.1007/978-3-662-61464-8_3

oder Erdbeeren schmecken fad und langweilig. Denn die Züchter haben Sorten entwickelt, die lange Transportwege überstehen und sich einige Zeit lagern lassen, ohne gleich zu verderben. Dadurch ging viel vom ursprünglichen Aroma und Geschmack verloren und leider auch vom Nährstoffgehalt.

Ein treffliches Beispiel hierfür sind Warzen- oder Cantaloupemelonen, eine Kulturvarietät der Zuckermelonen. Vollreif geerntet und frisch gegessen schmecken sie köstlich, werden jedoch sehr schnell weich und matschig. Das liegt am Pflanzenhormon Ethylen, das die Reife herbeiführt – ein Prozess, der nicht beim uns genehmen Stadium stoppt. Selbst eisgekühlt halten sich diese Melonen nicht. Deswegen wurden Sorten gezüchtet, die nur wenig Ethylen bilden und somit haltbar sind. Allerdings bekommen sie auch nie das volle Aroma.

In den 1990er Jahren gelang den Züchtern jedoch ein Kompromiss: Dominique Chambeyron vom niederländischen Saatgutproduzenten De Ruiter erzeugte eine kleine gestreifte Cantaloupemelone namens Melorange, die nach der Ernte wochenlang fest bleibt und trotzdem schmeckt. Für die USA wird diese Kulturvarietät in Mittelamerika angebaut und in den Wintermonaten verkauft, wenn Melonen im Norden nicht wachsen.

Auf einen Blick

NEUE IDEEN ZUM SAMENVERTRIEB

1. Neue Zuchtmethoden können Obst und Gemüse des Großhandels wieder schmackhafter machen, ohne das Erbgut gentechnisch zu manipulieren. Dies gelingt durch traditionelle Verfahren in Kombination mit DNA-Analysen.
2. Konnten Pflanzenzüchter an Universitäten ihre Erzeugnisse früher den Landwirten zur Verfügung stellen, so

sind sie heute oft gezwungen, sie Großkonzernen zu verkaufen, die dann ein Monopol darüber vertreten. Mit einem neuen Ansatz nach dem Open-Source-Prinzip könnten zumindest einige der neuen Pflanzensorten frei zugänglich werden.

Auf herkömmliche Weise waren solche Zuchten bisher sehr langwierig und aufwändig. Bis man schließlich eine Pflanze mit allen wesentlichen gewünschten Attributen erhält, können leicht zehn Jahre und mehr verstreichen. Auch spielt dabei Zufall eine Rolle: In der Regel kreuzt man Kultursorten miteinander, die einzelne der angestrebten Merkmale aufweisen. Danach gilt es abzuwarten, ob zumindest einige der Nachkommen bereits Früchte von insgesamt etwas günstigerer Qualität hervorbringen. Deren Samen werden dann weiterverwendet, die neuen Pflanzen wiederum mit anderen geeigneten Sorten gekreuzt und so fort.

Doch mittlerweile beschleunigen molekulargenetische Analyseverfahren den Zuchtprozess deutlich. Bei Monsanto, zu dem De Ruiter seit 2008 gehört, können Jeff Mills und seine Kollegen bereits anhand der Samenkörner Eigenschaften der späteren Melonen vorhersagen. Zunächst hatten die Forscher mit Hilfe von genetischen Markern – charakteristischen DNA-Abschnitten – die Gene für den Geschmack und die Konsistenz von Melorange eingekreist. Nun können sie sie damit in den Samen aufspüren. Diese Durchmusterung geschieht weitgehend automatisiert. Ein Roboter säbelt ein winziges Scheibchen von einem Melonenkern ab – so wenig, dass dieser später trotzdem noch keimt. Weitere Geräte extrahieren aus der Probe DNA, markieren die relevanten genetischen Sequenzen mit fluoreszierenden Molekülen und vervielfältigen sie, so dass Messgeräte sie erkennen und somit die entscheidenden Gene indirekt anzeigen.

Eigentlich ist die markergestützte Zucht gar nicht so neu – also eine Präzisionszucht mit Hilfe von markergestützter Selektion, englisch auch „SMART Breeding" genannt. (Die Abkürzung steht für „Selection with Markers and Advanced Reproductive Technologies".) Nur kann sie heute von der im Lauf des letzten Jahrzehnts zunehmend schneller und billiger gewordenen genetischen Sequenzierung profitieren. Bei Monsanto arbeiten die dazu eingesetzten Roboter rund um die Uhr, und bei Bedarf erhalten die Züchter die Ergebnisse binnen zwei Wochen. Auf markergestützte Selektion greifen denn auch mittlerweile viele Firmen und Forschungsinstitute zurück, um Obst oder Gemüse gewünschte Eigenschaften zu verpassen. Einige neue Produkte sind bereits auf dem Markt, etwa ein besonders gesunder Brokkoli.

„Die Genomik spielt in die moderne Pflanzenzucht so stark hinein, dass ich kaum noch richtig mitkomme", meint Shelley Jansky. Der Kartoffelzüchter arbeitet mit dem US-Agrarministerium und mit der University of Wisconsin in Madison zusammen. „Vor fünf Jahren kam ein Student zu mir, der sollte DNA-Sequenzen für Krankheitsresistenzen suchen. Nach drei Jahren hatte er schließlich 18 Marker aufgespürt. Heute schafft jemand in wenigen Wochen 8000 Marker bei 200 Pflanzen – bei jeder einzigen wohlgemerkt!"

Und das Besondere daran: Mit der so genannten Grünen Gentechnik, den kontrovers diskutierten gentechnologischen Eingriffen ins Erbgut, hat diese Methode der Präzisionszucht nichts zu tun. Schon deswegen ist sie für Wissenschaftler und Saatgutproduzenten so attraktiv.

Langer Weg bis zu einer sanften Revolution

Seit mindestens 9000 Jahren verändern Menschen Pflanzen zu ihrem Nutzen (siehe Artikel S. 1 und S. 11). Das meiste Obst oder Gemüse, das bei uns auf den Tisch kommt, stammt von einer irgendwann domestizierten Art ab. In alter Zeit hat man die Samen jener Individuen weiterverwendet, deren Eigenschaften besonders zusagten. Für neue Merkmalskombinationen wurden später auch verschiedene Pflanzen gezielt gekreuzt. So entstand etwa aus Wildgräsern Getreide, aus der Teosinte Mais, und Wildkohl ist die Urform einer bunten Palette von Gemüsekohlsorten, von Grün- und Rotkohl bis zu Brokkoli, Rosen- und Blumenkohl (Abb. 1).

In der Pflanzenzucht brach ein neues Zeitalter an, als es in den 1980er Jahren mit gentechnologischen Methoden möglich wurde, gezielt ins Erbgut einzugreifen, also Gene zu verändern, stillzulegen, zu entfernen oder einzuschleusen. In den USA kamen die ersten gentechnisch veränderten Pflanzenprodukte in den 1990er Jahren auf den Markt. Inzwischen enthalten dort – anders als bei uns – gut zwei Drittel der industriell verarbeiteten Nahrungsmittel Bestandteile von so genanntem Genmais, -soja oder -raps. Früchte oder Gemüse betrifft das hingegen viel weniger – schon weil sich bei ihnen der hohe Aufwand für Zucht und Zulassung wirtschaftlich nicht sonderlich lohnt. Zu den Ausnahmen zählen etwa virusresistente Papayas, Pflaumen und Kürbisse oder schädlingsresistenter Zuckermais.

Nicht nur bei uns, auch in den USA wehren sich manche Verbraucher gegen „Genfood". Die Hersteller befürchten daher, dass weitere derartige Produkte auf

Gene bestimmen für die Zucht neuer Sorten

In eine Kulturpflanze gewünschte neue Merkmale einzukreuzen, ohne gleichzeitig bewährte Eigenschaften zu verlieren, kann mit herkömmlichen Methoden viele Jahre dauern, und hierbei ist auch einiges Glück im Spiel. Wenn man bei jeder Generation allerdings die für solche Merkmale verantwortlichen Gene identifiziert – mit so genannter markergestützter Selektion –, gelingt die neue Kombination wesentlich rascher und zuverlässiger.

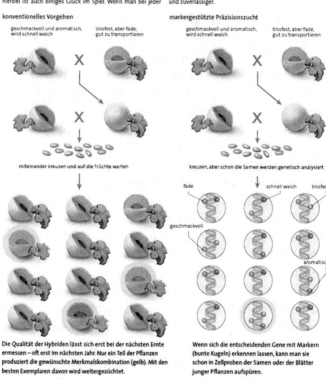

konventionelles Vorgehen

geschmackvoll und aromatisch, wird schnell weich   bissfest, aber fade, gut zu transportieren

miteinander kreuzen und auf die Früchte warten

Die Qualität der Hybriden lässt sich erst bei der nächsten Ernte ermessen – oft erst im nächsten Jahr. Nur ein Teil der Pflanzen produziert die gewünschte Merkmalskombination (gelb). Mit den besten Exemplaren davon wird weitergezüchtet.

markergestützte Präzisionszucht

geschmackvoll und aromatisch, wird schnell weich   bissfest, aber fade, gut zu transportieren

kreuzen, aber schon die Samen werden genetisch analysiert

fade   schnell weich   bissfest

geschmackvoll

aromatisch

Wenn sich die entscheidenden Gene mit Markern (bunte Kugeln) erkennen lassen, kann man sie schon in Zellproben der Samen oder der Blätter junger Pflanzen aufspüren.

Abb. 1 Gene bestimmen für die Zucht neuer Sorten. Reproduced with permission. (Copyright © (2016) SCIENTIFIC AMERICAN, a Division of Springer Nature America, Inc. All rights reserved)

Widerstand stoßen könnten. Gerade bei Obst und Gemüse bestehen Bedenken.

Auch wegen solcher Vorbehalte und Aversionen wird die Präzisionszucht ohne Genmanipulation immer wichtiger – zumal bereits mehrere Genome von Nutzpflanzen sequenziert sind und ständig weitere dazukommen, was diese

Analysen wesentlich erleichtert. Denn Landwirte können nun wieder mehr auf Merkmale hinarbeiten, die vornehmlich die Konsumenten schätzen. Auf die Verbraucher Rücksicht zu nehmen, war und ist in der Pflanzenproduktion keineswegs selbstverständlich, weiß der Tomatenzüchter Harry Klee von der University of Florida in Gainesville aus eigener Erfahrung: Da haben eher die Interessen der Farmer und Händler Vorrang.

Bestes Beispiel dafür sind herkömmliche für Supermärkte gezüchtete Tomaten. Deren Geschmacksqualität hängt vom Verhältnis der Säuren und Zucker ab, und viele Menschen bevorzugen Tomaten mit viel Süße. Trotzdem entwickelten Züchter Pflanzen, deren feste, glatte Früchte zwar gut aussehen und längere Transporte und Lagerzeiten aushalten, die aber nur mäßig süß sind. Denn diese Sorten sind auf hohe Erträge gezüchtet, und je mehr Früchte eine Pflanze versorgen muss, desto weniger Zucker erhält die einzelne Tomate.

Klee möchte den Industrietomaten wieder zu einem besseren Ruf verhelfen. Fast 200 alte Landsorten, die manche Bauern und Gärtner noch anbauen, hat er umfangreichen Geschmackstests unterzogen. Viele davon munden fantastisch und haben kräftige, teils überraschende Farben, sehen aber nicht gerade prachtvoll aus. Ihre Haut platzt und vernarbt leicht, und sie werden schnell weich. Außerdem tragen die betreffenden Pflanzen nicht sehr reich. Wie Klee herausfand, bestimmt bei Tomaten keineswegs in erster Linie der Zuckergehalt das Geschmackserlebnis, sondern das von Gaumen und Nase wahrgenommene Aroma: Die alten Sorten strömen ein Bouquet flüchtiger chemischer Substanzen aus. Zum Beispiel entdeckten der Forscher und seine Kollegen 2012, dass auch Tomaten mit relativ wenig Zucker lecker sind, sofern sie genug vom Duftstoff Geranial enthalten. Dieses, glaubt Klee, verstärkt auch den Eindruck von Süße. Um seine These zu prüfen, züchtete er Tomaten, die keine solchen flüchtigen Aromastoffe bilden. Und tatsächlich schmecken sie den Leuten nicht. Selbst ziemlich zuckerhaltige Früchte empfanden die Verkoster dann nicht als süß.

Seit einigen Jahren versucht Klees Team nun, durch Kreuzung der leckersten alten Sorten mit widerstandsfähigen Industrietomaten Hybridpflanzen zu züchten, welche die Vorlieben sowohl von Produzenten und Händlern wie von den Verbrauchern erfüllen. In groben Zügen geschieht diese Arbeit wie folgt: Mitarbeiter rütteln den Pollen mit einfachen elektrischen Zahnbürsten aus den Blüten und fangen ihn auf, um ihn gegebenenfalls später zur Befruchtung zu verwenden. Aus den Blättern der betreffenden Pflanzen werden derweil kleine Stückchen ausgestanzt, an denen man ihr Erbgut auf genetische Hinweise darauf untersucht, ob eine Pflanze beispielsweise verspricht, Früchte mit glatter Haut oder mit größeren Mengen flüchtiger Aromastoffe zu produzieren. Laut Klee bestimmen solche Analysen mittlerweile entscheidend, welche individuellen Pflanzen man anschließend für die Kreuzungen auswählt. Dieses Verfahren habe die Zucht neuer Sorten enorm beschleunigt, nicht zuletzt auch dank der Sequenzierung des Tomatengenoms im Jahr 2012.

Zwei neu gezüchtete Hybride hat die University of Florida schon vorgestellt: Garden Gem und Garden Treasure. Beide sind zwar nicht ganz so ertragreich wie die üblichen Pflanzen für Supermarkttomaten, bringen aber doch über dreimal so viele Früchte wie die in diese neuen Zuchtvarietäten eingegangenen alten Sorten. Außerdem schmecken beide Tomaten hervorragend – und sie überstehen längere Transporte recht gut.

Erdbeeren ging es bisher kaum besser als Tomaten: Die Züchter setzten jahrelang auf große, haltbare Früchte und vernachlässigten darüber das Aroma. Doch bald dürfte

Klees Kollege Vance Whitaker von der University of Florida, der ähnlich vorgeht wie oben geschildert, Erdbeeren vorweisen können, die wenig Wünsche offen lassen.

Brokkoli bereitet Züchtern und Händlern aus anderen Gründen Schwierigkeiten. In den Vereinigten Staaten werden drei Viertel dieses Kohls in Kalifornien angebaut. Besonders gut gedeiht er in der „Salatschüssel" der USA: im Tal des Flusses Salinas, das sich südlich von San Francisco parallel zur Küste hinzieht. Offenbar bekommen den Pflanzen die hier öfter auftretenden Nebel und dadurch verhältnismäßig kühlen Temperaturen. Wie Thomas Björkman von der Cornell University in Ithaca (New York) und seine Kollegen entdeckten, bildet Brokkoli nur dann ebenmäßige Köpfe dicht gepackter Blütenknospen im gleichen Stadium, wenn eine Mindestdauer an kühleren Phasen zusammenkommt. In den schwülheißen Sommern im Osten der USA ist das nicht gegeben. Dort entwickelt Brokkoli deswegen unansehnliche, unregelmäßige Köpfe mit ganz unterschiedlich weit gereiften Blüten.

Vor einigen Jahren beschloss jedoch eine große Forschergruppe um Björkman sowie Mark Farnham vom US-Landwirtschaftsministerium, einen Brokkoli zu züchten, der im Osten der Vereinigten Staaten in gewünschter Weise gedeiht. Sie simulieren in Wachstumskammern das heiße, feuchte Klima der amerikanischen Ostküste und verwenden zur Weiterzucht nur Samen von denjenigen Pflanzen, die unter diesen Bedingungen die vergleichsweise schönsten Köpfe ausbilden. Auf die Weise erhielten sie einen Brokkoli, der ein paar mehr heiße Sommerwochen als sonst verträgt und schon recht passabel aussieht. Jetzt suchen die Forscher nach den hierfür verantwortlichen Genen, um noch gezielter weiter zu züchten.

Frei zugängliche Samen:Die Open Source Seeds Initiative

Ein Hauptgrund, Brokkoli auch an der amerikanischen Ostküste anzubauen, sind der Geschmack und die Inhaltsstoffe, denn beide verändern sich nach der Ernte rasch. Frischer Brokkoli schmeckt völlig anders als die typische amerikanische Supermarktware, erklärt Björkman. Er ist zart, mild und vollmundig mit einem sanften Eindruck von Honig und Blütenduft. Den strengen, scharfen Nachgeschmack hat er noch nicht. Der entsteht erst, wenn dieser Kohl über größere Strecken hinweg verfrachtet wird und dazu eisgekühlt im Dunkeln liegt. Denn dann hört die Fotosynthese auf, und die Zellen bilden keinen Zucker mehr. Zudem platzen die Zellwände, was die Köpfe weicher macht. Vor allem aber setzen nun Enzyme und an dere Moleküle eine Reihe unerwünschter chemischer Reak tionen in Gang, die den Geschmack verändern sowie gesunde Nährstoffe abbauen.

Richard Mithen und seine Kollegen vom Institut of Food Research in Norwich (England) verfolgten ein anderes Ziel, um die Qualität von Brokkoli zu verbessern. Ebenfalls mit markergestützter Zucht haben sie den Gehalt von Glucoraphanin erhöht. Der Inhaltsstoff schützt mutmaßlich gegen Bakterien und Krebs, da er bei uns antioxidative Abwehrmechanismen in Gang setzt. Bioketten in England und Amerika bieten das Gemüse bereits an. Die Lizenz für diesen Superbrokkoli namens Beneforté erwarb Monsanto. Gegen das dem Unternehmen vom Europäischen Patentamt zugesprochene Patent gibt es allerdings Einspruch.

Als Björkman und Farnham ihr Ostküstenprojekt für Brokkoli in Angriff nehmen wollten und dafür beim US-Agrarministerium Gelder beantragten, sagte dieses eine Unterstützung nur unter der Maßgabe zu, dass Saatgutunternehmen ein ernstliches Interesse an dem potenziellen neuen Produkt für einen regionalen Markt haben würden und sich an der Finanzierung der Forschungen beteiligten. Monsanto, Syngenta und Bejo Seeds, eigentlich Konkurrenten, stellen dazu Mittel zur Verfügung. Wie schon mit den schmackhaften neuen Tomatensorten geschehen, hofft Björkman, dass eine Firma die angestrebte neue Zuchtsorte übernehmen und das Saatgut vertreiben wird. Die Forschungsinstitute selbst hätten nicht das Kapital und die Möglichkeiten für Produktion und Vertrieb der erforderlichen Samenmengen.

Einige Pflanzenzüchter haben Bedenken gegenüber solchen Bestrebungen. Sie fürchten, dass es auf ihrem Forschungsgebiet kaum noch wirkliche Fortschritte geben wird, wenn die großen Konzerne alles an sich reißen. Irwin Goldman von der University of Wisconsin in Madison beobachtet: „Indem die Technologie in den privaten Sektor abgewandert ist, sind staatliche Zuchtprogramme ziemlich stark zurückgegangen. Manche mögen das begrüßen, aber öffentliche Forschung leistet einiges, wofür der Einsatz für Firmen zu langwierig und risikobehaftet ist." Goldman hat gerade eine innen golden geringelte Rote Beete gezüchtet. Die gleiche Erfahrung wie er machte Jack Juvik, Leiter des Zentrums für Pflanzenzüchtung der University of Illinois in Urbana-Champaign: „In den 1970er Jahren gab es viele kleinere Unternehmen, die stellten eine Menge Saatgut bereit. Sie wurden seitdem entweder von den Konzernen aufgekauft oder verdrängt. Die gesamte Branche hat sich völlig verändert. Damals haben staatliche Institute fertige neue Zuchtsorten geliefert. Heute bekommen die großen Firmen von uns meistens lediglich spezielles Saatgut, mit dem sie dann weiterarbeiten. Sie haben eben die Mittel für die entsprechenden Testreihen und können richtig gute Kultursorten erzeugen. Allerdings kontrollieren sie auch das meiste Saatgut und die entscheidenden Technologien."

In den USA haben sich einige Züchter, Landwirte und andere Experten zu einer Interessengemeinschaft – der Open Source Seeds Initiative – zusammengeschlossen, darunter auch Goldman und Jack Kloppenburg, der ebenfalls an der University of Wisconsin in Madison arbeitet. Sie möchten, dass das Saatgut von ausgewählten neuen Kulturvarietäten unter bestimmten Vereinbarungen frei zugänglich ist, wie bei so genannten Open Source Lizenzen für Computersoftware. Diese Zuchtsorten und ihre Produkte sollen dann nicht patentierbar sein. Jeder, der sie verwendet, darf damit weiterzüchten und muss bereit sein, sie sowie eigene neue Produkte auch anderen unter den gleichen Voraussetzungen zur Verfügung zu stellen. In der modernen Pflanzenzucht ist das ein ganz neuer Ansatz. Zwar könnten Züchter Ähnliches auch über ein herkömmliches Patent oder Urheberrecht auf Saatgut erreichen, nur wäre das sehr viel teurer und aufwändiger. Goldman schwebt allerdings ein Kompromiss vor: Die Züchter würden demnach nur einige ihrer neuen Pflanzensorten freigeben und an anderen verdienen, indem sie diese lizenzieren.

Der Tomatenzüchter Klee fragt sich, ob nicht eine gewisse Konzilianz angebracht ist. Er meint: „In der Pflanzenzucht können die Forschungsinstitute nun einmal nicht mit den Großkonzernen konkurrieren. Die meiste Forschung an den wirtschaftlich wichtigsten Pflanzen findet nicht länger an Universitäten statt. Dort kümmert man sich mehr um Nischenprodukte. An meinem Institut gibt es einen Experten für Pfirsiche, einen für Blaubeeren und einen für Erdbeeren. Bei Monsanto kenne ich etliche Leute, die sich mit solchen weniger lukrativen Arten nicht mehr abgeben, weil sich das für das Unternehmen einfach nicht lohnt." Diese Nische bietet sich für die öffentliche Forschung an, deren Produkte die von der Industrie ergänzen, denn letztlich seien beide aufeinander angewiesen.

Doch Klees dringlichstes Anliegen ist es, die Interessen der Landwirte, die auf ihre Kosten kommen müssen, und die der Verbraucher zu vereinbaren. Er fasst zusammen: „Im Grunde ist es ganz einfach: Gebt den Menschen, was sie gern essen!"

Aus: Spektrum der Wissenschaft Spezial: Biologie – Medizin – Hirnforschung 01/16.

Literatur

Klee HJ (2010) Improving the flavor of fresh fruits: genomics, biochemistry, and biotechnology. New Phytologist 187:44–56

Ferris Jabr ist Journalist und freier Mitarbeiter von „Scientific American". Er schreibt auch für andere Publikationen wie die „New York Times" und den „New Scientist".

Aquakultur: Fischfarmen für eine Milliarde Chinesen

Erik Vance

Als größter Fischproduzent und -konsument der Welt entwickelt China Süß- und Salzwasserfarmen für Fische und Meeresfrüchte in nie da gewesenen Dimensionen. Dabei haben die Forscher auch die ökologische Nachhaltigkeit im Blick.

An jenem Januartag 2007 fuhr der vietnamesische Fischer Nguyên Phú mit seiner Crew wie gewohnt hinaus aufs Meer – als am Horizont mehrere chinesische Kanonenboote auftauchten. Im ersten Moment dachte Phú an Flucht, doch er wusste: Mit seinem kleinen Gefährt hatte er keine Chance. „Mit den Chinesen legen wir uns nicht an", erzählt er mir über den Dolmetscher. „Wir wehren uns nicht. Wir kauern uns zusammen, mit den Armen über dem Kopf, so, und beten, dass wir es überstehen."

E. Vance (✉)
Baltimore, USA

© Springer-Verlag GmbH Deutschland, ein Teil von Springer Nature 2020
K. Burger (Hrsg.), *Super-Food für Wissenshungrige!*,
https://doi.org/10.1007/978-3-662-61464-8_4

Die chinesischen Soldaten hätten sein Boot beschlagnahmt, alle auf eine nahe Insel gebracht und dort ins Gefängnis gesteckt. Über einen Monat lang musste Phú in einer engen Zelle ausharren – ohne Verhandlung, ohne Richter, ohne Erklärung – und wurde täglich geschlagen. Dann ließ man ihn gehen. Wie einen Fisch, den man nach Belieben fängt und freilässt.

Diese Geschichte passt zu anderen aus den letzten Jahren. Nach Aussage von Tunfischfängern der Fidschi-Inseln respektieren chinesische Kapitäne dort keine Fangquoten. Auch in japanischen Gebieten belasten unrechtmäßige Fischzüge die ohnehin angespannten Beziehungen zwischen den beiden Ländern. Die Philippinen haben ihre militärische Präsenz vor ihren Küsten wegen der dort patrouillierenden chinesischen Fischerboote verstärkt. China behauptet, dass südchinesische Meer gehöre seit Jahrhunderten zu seinem Territorium. Eines ist unbestreitbar: Das Land hat einen immensen Bedarf an Meeres- und Süßwasserfrüchten. Der Pro-Kopf-Verbrauch ist dort schon traditionell sehr hoch, und der zunehmende Lebensstandard steigert die Nachfrage nach Fisch, Muscheln, Krebsen und Ähnlichem weiter. Die 1,4 Mrd. Chinesen verzehren heute mehr Fisch und dergleichen als die zehn nächstgrößten Nationen zusammen (siehe „Weltspitze", S. 45). Tatsächlich fängt und erzeugt die Volksrepublik mit Abstand die meisten Fischprodukte im weiten Sinn: 2012 waren es laut der Welternährungsorganisation FAO 57 Mio. t – ein Drittel der Weltproduktion. Seine 700 000 Fischereischiffe sind rund um den Globus im Einsatz, schleifen riesige Käfige über den Meeresboden und ziehen fußballfeldgroße Netze hinter sich her. Andere Nationen machen das nicht anders, aber China übertrifft bei der Ausbeutung der Meere inzwischen sogar Japan und die USA. Es trägt hierdurch wesentlich dazu bei, dass die Bestände etwa von

Seegur ken, Haien oder den beliebten Abalonen (auch Meerohren genannte Meeresschnecken) überall zurückgehen.

Auf einen Blick

Fisch und Meeresfrüchte – aus gesunder Massenproduktion

1. Die Chinesen sind Weltmeister im Abfischen der Meere und im Verzehr von Meeresfrüchten aller Art, aber auch in der Karpfenzucht. Nur wenn es gelingt, den weiter steigenden Bedarf auf nachhaltig betriebene Süß- und Salzwasserkulturen umzulenken, wird die Fischerei in den Weltmeeren überdauern können.
2. Einige chinesische Wissenschaftler und Unternehmer gestalten nun zunehmend Meeres- und Süßwasserkulturen, die sich weitgehend selbst sauber halten, indem die Organismen Abscheidungen von anderen verwerten. Im Meer sind das gigantische Projekte, im Binnenland umfassen sie zahllose, auch künstliche Gewässer, die traditionell ganze Landschaften prägen.
3. Noch sind solche Erzeugnisse für die meisten Verbraucher viel zu teuer. Aber weil das Bewusstsein für gesunde Nahrung in China wächst, könnte schließlich die Umwelt davon profitieren.

Auf öffentliche Proteste hin gab es von Seiten Chinas lediglich ein paar symbolische Gesten. So wird bei offiziellen Empfängen keine Haifischflossensuppe mehr gereicht. Sonst weigert sich die Regierung bisher, das Problem überhaupt anzuerkennen. Dagegen sind manche chinesischen Wissenschaftler und Geschäftsleute alarmiert: Sie befürchten, dass die Meere schneller leergefischt sein werden, als sie sich von den Zugriffen erholen können. Einige von ihnen unternehmen Anstrengungen, den gegenwärtigen Trend umzukehren. Zu dem Zweck möchten sie die traditionelle Aquakultur in China grundsätzlich neu gestalten – von den zigtausenden kleinen Fischfarmen in Süßwasserseen, die oft noch auf uralte Weise betrieben werden, bis hin zu den riesigen industriellen Zuchtbetrieben im Ozean.

Das chinesische Modell

An Stelle von alten unwirtschaftlichen Verfahren und modernen umweltverschmutzenden Methoden wollen diese Visionäre ein besonderes chinesisches Modell für nachhaltige Produktionsformen einführen. Diese sollen nicht nur ökologisch verträglicher sein, sondern auch kleine Fischwirte ebenso wie Großunternehmen voranbringen. Ein guter Anreiz, die entsprechenden ambitionierten Maßnahmen umzusetzen, wäre die Nachfrage der Verbraucher nach gesunder, unbelasteter Nahrung. Gelänge es beispielsweise, beliebte Speisefische wie Karpfen umweltschonend zu produzieren, wäre dies bereits ein bedeutender Beitrag, der den Fischbeständen generell eine Zukunft gäbe.

In der Bucht bei der Insel Zhangzi nahe Korea, wo ich mich zum Tauchen rüste, ist das Wasser trotz des warmen Wetters ziemlich kalt. Von hier sollen die besten Meeresfrüchte der Welt stammen. Die Bucht ist berühmt, seit der amerikanische Präsident Richard Nixon bei seinem denkwürdigen Staatsbesuch 1972 mit Abalonen von dort bewirtet wurde. Außer dem Fotografen begleiten mich zwei Fischer der Zhangzidao-Gruppe als Führer. Sie sind freundlich, aber auch ein bisschen misstrauisch, denn wir sind hier die ersten ausländischen Journalisten.

Zuerst sieht alles wie ein ganz normales küstennahes Ökosystem aus, als wir im dunklen Wasser tiefer hinabgleiten. Man erkennt Seegraswiesen, Tangfelder und zwischendurch offene sandige Stellen. Doch dann fallen mir die unzähligen Seegurken, Muscheln und Seeigel auf, die überall im Freien herumkriechen, statt in Winkeln und Spalten zu stecken. Die Fischer beginnen sie gleich einzusammeln wie Kinder Ostereier.

Diese Farm für Meeresfrüchte verfolgt einen neuen Ansatz. In großem Maßstab wird hier versucht, die natürlichen Ökosysteme nachzuahmen. Zum Beispiel sind in dieser Bucht, wie in sämtlichen anderen der Gegend, über riesige Flächen reihenweise Käfige mit jungen Kammmuscheln ausgebracht. Wenn die Tiere etwas größer sind, werden sie freigelassen und können dann an Ort und Stelle weiterwachsen, bis sie die richtige Größe zum Verzehr haben und Taucher sie ernten. Sonst gibt es hier keinerlei Zäune, Gehege oder künstliche Barrieren – und ebenso keine zusätzliche Fütterung, auch nicht Düngemittel für die Pflanzen oder Antibiotika. „Wir arbeiten nach dem Modell IMTA", erklärt Liang Jun, der Wissenschaftsleiter der Betreibergesellschaft. „Die Ausscheidungen einer Art liefern Nahrung für andere."

Die Bezeichnung steht für integrierte multitrophische Aquakultur, was die Kombination diverser Nahrungsebenen durch den Einsatz mehrerer Arten mit unterschiedlichem ökologischen Stellenwert meint. In verschiedenen Versionen taucht dieses Konzept auch in Ländern wie Kanada, Schottland, den USA und Norwegen auf. Nach dieser Idee ist die Wasserverschmutzung geringer, wenn die gezüchteten Tiere Ausscheidungen von anderen ebenfalls genutzten Arten als Nährstoffe verwerten. Üblicherweise leben diese verschiedenen Organismen gestaffelt in Käfigen. Das bekannteste IMTA-Projekt läuft in Ostkanada in der wegen der enormen Gezeitenunterschiede spektakulären Bay of Fundy zwischen Nova Scotia und New Brunswick. Dort verfrachtet die Meeresströmung die Exkremente von Behältern mit Lachsen zu Käfigen mit Muscheln und zum ebenfalls verwerteten Seetang.

Der Zhangzidao-Ansatz verfolgt einen völlig anderen Kurs. Einzelne Inseln vor der Küste eignen sich von Natur aus als passable Käfige. Juns Team hat genau registriert, wohin die dortigen Meeresströmungen die Nährstoffe bringen und steuert dies stellenweise zusätzlich mit künstlichen Riffen aus Naturstoffen. In besonders reichhaltigen Abschnitten werden dann junge Kammmuscheln ausgebracht, deren Fressfeinde man akribisch entfernt.

Unter diesen Bedingungen gedeihen die wenigen gewünschten Arten normalerweise gut. Die Betreiber müssen meist nur ein paar Kenngrößen wie die Wassertemperatur beobachten und greifen sonst nicht ein, bis Taucher die ernte reifen Tiere einsammeln können. Man muss auch keinen störenden Beifang entsorgen wie bei normaler Fischerei, wobei viele Meeresorganismen überflüssigerweise verenden. Die anfallenden Muschelschalen werden zu Blöcken für künstliche Riffe verarbeitet.

Riesenernten von Abalonen, Kammmuscheln, Seegurken und Austern

Von den Projekten in westlichen Ländern unterscheidet sich dieses insbesondere in den Dimensionen. „Bei uns wäre es nicht möglich, einfach eine ganze Bucht in Kultur zu nehmen", kommentiert der Biologe Thierry Chopin von der University of New Brunswick in Fredericton (Kanada), ein Mitarbeiter bei dem IMTA-Unterfangen in der Bay of Fundy. „Dadurch läuft die Sache in China völlig anders."

Das kanadische Projekt umfasst nur wenige Hektar. Lediglich neun Muschelflöße filtern die Nährstoffe. Die Ozeanfarm bei Zhangzi hat zum Vergleich die dreifache

Fläche Berlins. Bei der Zucht in der Bay of Fundy fallen jährlich 200 t Seetang und 300 bis 400 t Muscheln an.

Dagegen liefern die Inseln um Zhangzi 60 000 t Seetang im Jahr, von dem das meiste vor Ort als Nebenprodukt verkauft wird. Das eigentliche Geschäft beruht auf den 200 t Seegurken, 300 t Austern und 700 t Seeschnecken jährlich sowie 2000 t Abalonen und unglaublichen 50 000 t Kammmuscheln. Wegen der hohen Produktivität betreibt Zhangzidao jetzt auch einen Angeltourismus, weil die zahlreichen Meeresfrüchte viele räuberische Fische anlocken.

Laut Jun kann diese spezielle Form von Aquakultur nur in Riesengröße funktionieren. Damit es sich rechnet, seien mindestens 100 Quadratkilometer erforderlich, die Fläche einer Stadt von der Größe Heidelbergs. Obendrein sei es unabdingbar, eine Menge Forschung in die Erkundung der Strömungsverhältnisse und die Dynamik der anderen Umweltbedingungen zu stecken. Am Computer zeigt er mir eine genaue Karte der Inseln, auf der man erkennt, wo sich Nährstoffe konzentrieren und wo jeweils die höchsten Erträge erzielt werden. Weil dies alles weit gehend mit den Strömungen zusammenhängt, helfen die Forscher mitunter auch mit Kunstriffen nach. Dann kommen metergroße Blöcke aus Muschelkalk zum Einsatz. Rund 20 000 haben sie bereits versenkt.

Nach Ansicht einiger westlicher Wissenschaftler stellt Zhangzidao kein eigentliches IMTA-Modell dar, weil man dort nicht auch Fische züchtet – deren Exkremente den anderen Organismen zugutekommen. Eine neutralere Bezeichnung wäre Ozeanfarm. Bei aller Effizienz – rundum perfekt funktioniert das chinesische Unterfangenen bei Weitem nicht. Ein Firmensprecher sagt, über die Hälfte der Gewässer seien zu tief zum Abernten per Hand durch Taucher. Auf solchen Flächen werden nach wie vor schwere, fünf Meter breite Schleppnetze über den

Boden gezogen, die Schäden anrichten. Außerdem sind die Produkte von Zhangzidao besonders teuer. Seegurken etwa kosten in China 250 Dollar das Stück – Luxus für die Reichen, wie oft auch anderswo.

Umweltschutz hat für Chinesen nicht Vorrang

Nachhaltig gewonnene Meeresfrüchte an alle Einkommensgruppen heranzutragen sei momentan noch eine große Herausforderung, gibt Yuming Feng, der Präsident von Zhangzidao, zu. Die Konsumenten müssten entscheiden, wie viel ihnen solche Produkte Wert sind. Bislang steht Umweltschutz für die Chinesen nicht an erster Stelle. Ihr Hauptaugenmerk gilt gesundheitlich unbedenklichen Nahrungsmitteln, erklärt An Yan vom marinen Aufsichtsrat für den asiatischen Pazifik. Die Menschen waren mit Bleivergiftungen wegen kontaminierter Nahrung konfrontiert und mit melaminverseuchter Milch – einem gebräuchlichen Ausgangsstoff vieler Leime und Klebstoffe, der auch oft in Plastik steckt. Yan glaubt aber, die Sorge für eine höhere Nahrungsmittelsicherheit könne schließlich auch dem Naturschutz dienen. Waren anfangs umweltbewusste Verbraucher in den USA, in Australien und Europa Hauptabnehmer der Kammmuscheln von Zhangzidao, so verkaufen sich seine Meeresfrüchte heute sämtlich in China, und zwar weniger unter dem Aspekt des Umweltschutzes, sondern weil sie als gesund und unbelastet gelten.

Auf dem Markt der nahen Hafenstadt Dalian mache ich mir von dieser Einstellung selbst ein Bild. Es gibt reihenweise Stände, die neben Fischen, Seegurken oder Garnelen diverse Muscheln und Flügelschnecken anbieten. Fast alle

Verkäufer preisen an, ihre Ware komme von der Zhangzi-Farm, was kaum möglich erscheint, denn an sich beliefert das Unternehmen hauptsächlich Großhändler und Spitzenrestaurants. Aber offenbar ist die Marke sehr gefragt. Das Wasser bei der Farm gilt als sauberer als anderswo, und ein Händler erklärt mir, die künstlichen Riffe seien für die Meeresfrüchte besonders gesund. Für Zhangzi-Produkte verlangt er 20 % mehr. Umweltaspekte erwähnt kein einziger Verkäufer. Auf Nachfrage sagen sie durchgehend, dass sei den Kunden nicht so wichtig. Dennoch gibt es an den chinesischen Küsten, etwa bei Dalian oder mehr südlich in der Sanggou-Bucht bereits eine Anzahl weiterer Betriebe, die auch mit der IMTA-Idee experimentieren. Ein Teil davon sind vorrangig Seegrasfarmen, die allerdings meist mit weniger verschiedenen Arten arbeiten.

Auch wenn Chinas Meeresfischerei den Weltmarkt dominiert – die im eigenen Land konsumierten Fischprodukte einschließlich Schalenfrüchten stammen zu über 70 % aus Binnengewässern. Meldungen aus letzter Zeit über stark verschmutzte Flüsse und Seen könnten manche Verbraucher veranlassen, sich nun mehr auf Meeresfrüchte umzuorientieren. Um die Ausbeutung der Meere zu drosseln, wäre es deshalb dringlich, die vielen Süßwasserfarmen in einen sauberen und nachhaltig wirtschaftenden Zustand zu versetzen. Genau das versucht ein Netzwerk von Forschern am Mittellauf des Jangtsekiangs in der bedeutendsten Fisch produzierenden Region Chinas.

Deren Zentrum ist Wuhan, 500 km Luftlinie flussaufwärts von Shanghai. Schon rund um den Flughafen, entlang der Straßen und unter Überführungen scheint bis zum Horizont jeder verfügbare Quadratzentimeter für Aqua-kulturen ausgebaggert zu sein: Fischteiche, so weit das Auge reicht. Völlig zu Recht nennen die Menschen die Provinz Hubei das Land der 1000 Seen, betont Shouqi

Xie von der chinesischen Akademie der Wissenschaften. Chinas Fischteiche bedecken 18 400 Quadratkilometer, so viel wie die Fläche Sachsens. Ein Fünftel des Weltbedarfs an tierischem Protein soll aus Süßwasser stammen, und die Hälfte davon aus dieser Kernregion Chinas, sagen chinesische Experten.

Xie findet es lächerlich, dass Schlagzeilen über Wasserverschmutzung und kontaminierte Nahrungsmittel das Vertrauen vieler Verbraucher in Produkte wie Karpfen und Wels aus traditioneller Aquakultur erschüttert haben. Die Fischzuchten würden durchgehend überwacht, während bei Wildfisch keiner verfolge, womit die Tiere in Berührung kommen.

Wirklich nachhaltig arbeiten die traditionellen Süßwasserfarmen jedoch nicht. Die chinesische Aquakultur geht bis ins fünfte Jahrhundert vor Christus zurück. Damals zog sich der Philosoph Fan Li nach einer Karriere als Feldherr und königlicher Berater in die Stadt Wuxi zurück, die in der Nähe des Jangtsekiang an einem See liegt. Dort verfasste er die erste Anleitung zur Aquakultur und führte zum Beispiel auf, wie viele Karpfen man anfangs in einen Teich setzen sollte, in welcher Jahreszeit sie am besten gedeihen und dass man auch Wasserschildkröten halten sollte, weil sie den Flutdrachen abwehren würden.

Zweieinhalbtausend Jahre lang hatten die alten Praktiken funktioniert. Zwischen ihren normalen Feldern betrieben die Bauern kleine Fischteiche, in deren sauberem Wasser sie gesunden Fisch erzeugten. Der Umschwung kam in den 1980er Jahren, als sich eine ausgedehnte industrielle Teichwirtschaft breitmachte und gleichzeitig auch andere Industrien rasant wuchsen. Beides trug zu einer massiven Umweltverschmutzung bei, die dem See von Wuxi 2007 eine verheerende Algenblüte bescherte. Das Leitungswasser der Stadt, welches aus dem See kam, wurde schwarz und stank. Die „schwarze Flut" rüttelte

China endlich wach. Obwohl die Aquakulturen nicht die Hauptschuld an der Misere trugen, begann auch hier ein Umdenken. Menschen wie Xie bemühen sich bei der Fischzucht um umweltschonendere Methoden, mit denen das Wasser bei hohen Erträgen trotzdem sauber bleibt.

Verheerende Karpfenzucht

Die Gesundheit eines Süßwasserökosystems hängt entscheidend von der richtigen Menge und Balance der Nährstoffe ab. Gibt es davon zu wenig – wie mancherorts in den großen nordamerikanischen Seen, wo eingewanderte Arten zu viel davon wegnehmen – ist das Wasser zwar klar und sauerstoffreich, aber in ihm existiert kaum noch Leben. Im Gegensatz dazu ist der Jangtsekiang unter anderem mit Stickstoff und Phosphat überdüngt, doch es mangelt an Sauerstoff. Das Wasser sieht dann grün und trüb aus, weil darin fast nur noch Algen gedeihen können.

Während vieler Jahrhunderte befanden sich die meisten chinesischen Süßwasserfischfarmen anscheinend in einem gesunden natürlichen Gleichgewicht. Dass dem heute nicht mehr so ist, darf man der allgemeinen Umweltverschmutzung nicht allein anlasten. Denn zu den heutigen Missständen tragen die Aquakulturen selbst gehörig bei. Als beliebtester Speisefisch gilt in China der Karpfen. Seine verschiedenen Zuchtformen wachsen rasch und fressen so ziemlich alles, was sie an organischem Material finden, von Algen über diverse kleine Tiere bis zu Abfällen. Doch weil Karpfen ihre Nahrung schlecht verwerten, sind ihre Exkremente stickstoffreich. Der viele Stickstoff fördert das Wachstum von Algen, die Sauerstoff produzierenden Pflanzen das Licht nehmen. Am Ende leben in so einem Gewässer vorwiegend nur noch Karpfen und Algen. Einer Studie zufolge war die Algenmenge in einem See voller Karpfen der Provinz Hubei binnen zehn Jahren auf das 20-Fache gestiegen und die Wasserklarheit gleichzeitig auf die Hälfte gesunken.

Hieran muss ich denken, als ich in einem kleinen Boot auf den Liangzi hinausfahre, den zweitgrößten See der Provinz.

Weltspitze

China war 2012 von allen Ländern der mit Abstand größte Lieferant von Fisch und anderen Meeres- und Süßwasserspeisetieren. Zum Wildfang aus Ozeanen und Binnengewässern – 58 % der Gesamtmenge – trug es fast 18 % des Weltverbrauchs bei (linke Säule), zum Angebot aus Aquakulturen sogar nahezu 62 % (rechte Säule). Nur wenn die Fischfarmen noch mehr erzeugen als jetzt schon, werden sich die Wildbestände erhalten können. Dabei könnte China ein Vorreiter werden (Abb. 1).

Das Wasser schimmert grünlich wie dünne Erbsensuppe und wirkt gespenstisch still. Vor zehn Jahren hatte man die Ufer mit Käfigen voller Karpfen bestückt, deren Exkremente und Abfälle bald alles andere Leben vernichteten. Die örtliche Regierung wandte sich an die Universität Wuhan um Rat, und der Forscher Jiashou Liu, ebenfalls Mitglied der chinesischen Akademie der Wissenschaften, stellte fest, dass die Algenblüte auf die reichlich vorhandenen Abfallprodukte zurückging.

Heute liegen hier keine Fischkäfige mehr. Stattdessen betrachten die Fischfarmer jetzt den gesamten See als einen riesigen Käfig, in dem die Natur stärker das Sagen haben darf als vorher. Karpfen sind kaum noch vorhanden, dafür leben hier jetzt hochwertigere Fische und Schalentiere, die den See weniger verschmutzen, etwa Mandarinfische und Krebse. Zu den weiteren Maßnahmen gehören ein verringerter Gesamtbestand

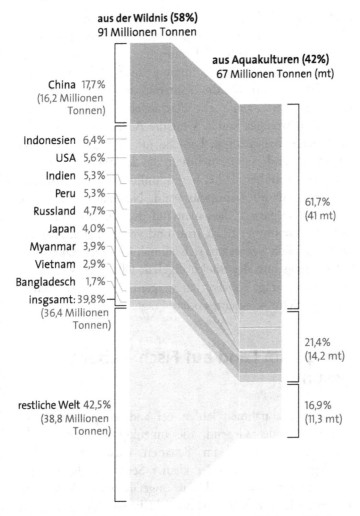

Abb. 1 Fang- und Produktionsmengen von Fischen, Schalentieren und anderem aus Meeren und Binnengewässern zusammen im Jahr 2012. (© TIFFANY FARRANT-GONZALEZ, NACH FAO YEARBOOK: FISHERY AND AQUACULTURE STATISTICS 2012. FAO, 2014)

und eine Uferbepflanzung, die wieder Sauerstoff ins Wasser bringt. Einmal im Jahr werden sämtliche Fische zusammengetrieben und herausgefangen. Diese Bewirtschaftungsform macht Düngung und Zusatzfütterung überflüssig, was beides die Nährstofflast ohnehin nur noch erhöhen würde. Bei mehr Platzangebot sind die Fische außerdem weniger krank. Und die Ausbeute ist trotz des niedrigeren Besatzes gut. Laut Fu Jun Deng, Manager bei einem der beiden Unternehmen, die den See betreiben, ist der Gewinn höher als bei herkömmlicher Teichwirtschaft. Man habe damit wenig Aufwand. Normalerweise müsse man nur aufpassen, dass niemand den Fisch stiehlt. Der See ist zwar immer noch trüb und voller Algen, aber die Wasserqualität verbessert sich allmählich. Der Sauerstoffgehalt steigt und der Stickstoffgehalt fällt. Ob es gelingen wird, die Erträge letztlich zu steigern – denn der Bedarf Chinas wächst –, ist eine andere Frage.

Hunger im Land auf Fisch – aber bitte gesund

Ähnliche Maßnahmen laufen bei anderen großen natürlichen Seen der Gegend, die umzukippen drohten. Sie alle stehen dennoch im Schatten tausender künstlich angelegter Fischteiche oder kleiner Seen, die diese Landschaft prägen. Viele sind nur ungefähr so groß wie ein Fußballfeld, aber sie liefern hohe Hektarerträge und tragen wesentlich zur Ernährung des ganzen Landes bei. Sie nachhaltig zu bewirtschaften und dabei zugleich viel gesunden Fisch zu produzieren, erfordert einiges an Erfahrung und Fingerspitzengefühl – eine Herausforderung auch für die Forscher, die neue Bewirtschaftungsmethoden zu entwickeln versuchen, welche ohne hohen technischen Aufwand funktionieren.

Der Agrarexperte Congxin Xie von der Huazhong-Universität für Wissenschaft und Technik Zentralchina in Wuhan experimentiert mit künstlichen schwimmenden Inseln, die Pflanzen tragen und das Wasser reinigen sollen. Frühmorgens fahren wir zu einem Versuchsteich bei der kleinen Stadt Gong'an. Auf dem See treibt ein halbes Dutzend einige Meter großer weißer Plastikrahmen mit Wasserspinat. Das in China beliebte Gemüse gedeiht hier offenbar prächtig. Diese Pflanze erweist sich zur Wasserreinigung als besonders geeignet, weil sie rasch wächst und viel Wurzelwerk bildet, das reichlich Nährstoffe aufnimmt. In nur drei Monaten, sagt Xie, sei hier der hohe Ammoniakgehalt – den Fische nicht vertragen – bereits um ein Drittel gesunken. Der Fischfarmer Yung Chang Xu bestätigt mir, dass nicht mehr so viele Fische sterben wie im Jahr zuvor und das Wasser klarer geworden ist.

Die Investition in ein paar solche frei treibende Kästen amortisiert sich innerhalb eines Jahres durch Verkauf des leckeren, auch bei Restaurants gefragten Spinats. Experten wie Xie haben begriffen, dass Neuerungen sowohl der Umwelt als auch den Bauern zugutekommen sollten. Das gelingt nur bei enger Zusammenarbeit vor Ort. Die Fischwirte hier möchten nun auf mindestens 5 % ihrer Teichflächen Wasserspinat ziehen. Überall werden bereits Rahmen dafür gezimmert.

Überhaupt hat sich seit der Katastrophe mit dem faulen Wasser in Wuxi die Erkenntnis durchgesetzt, dass man für saubere Aquakulturen am besten Pflanzen mit einbezieht. Damals begannen Experten, zum Reinigen des Wassers Feuchtgebiete anzulegen oder vorhandene hinzuzunehmen. Die chinesische Akademie der Wissenschaften am Jangtsekiang fördert mittlerweile zahlreiche Projekte gegen Wasserverschmutzung, bei denen

Süßwasserschnecken und Lotosblumen sowie zahlreiche weitere Arten für Sauberkeit sorgen. Ein Beispiel ist der See Ge Hu ein Stück flussaufwärts von Wuxi. Fischgehege weist er heute gar keine mehr auf, aber auf 2,6 Quadratkilometern wachsen Wasserhyazinthen. Selbst der nahe gelegene, expandierende Aquakulturbetrieb Wu Jing säubert schon ein Drittel seiner Teiche mit Pflanzenhilfe über Feuchtgebiete.

Ein anderes Beispiel bilden die Zuchtteiche einer Aquafarmkooperative am See Luhu in Wuhan. Früher erntete man dort jährlich 12 000 Kg Karpfen. Doch der immense Fischbesatz leistete Krankheiten und Nährstoffbelastung Vorschub. Mit Hilfe der chinesischen Akademie der Wissenschaften schloss der Betrieb 2008 deswegen Feuchtgebiete an die Abflusszone zum See an. Inzwischen haben die Farmer zudem von Karpfen auf den teureren, umweltschonenderen Mandarinfisch umgestellt und den Bestand auf ein Zehntel verringert. Geld verlieren würde er nie, erzählt ein 50-jähriger Fischer. Aber jedes Jahr müssten sie aufs Neue herausfinden, welche Fische in einem Teich gerade am besten zurechtkommen.

In anderen Fällen braucht es noch mehr Einfallsreichtum. Nährstoffe filternde Pflanzen benötigen für ihre Fotosynthese, also zum Wachstum, ausreichend Phosphor. An sich sind die kleineren Seen voll davon, meint Hao Xu von der Akademie für Fischwissenschaften in Shanghai und weist auf die erbsengrünen Testteiche um uns. Allerdings liegt der Phosphor am Grund. Die Ingenieure haben nun ein Gerät entwickelt, das den Schlamm aufwirbelt. Es ist solargetrieben, arbeitet also nur bei Sonnenschein – wenn die Pflanzen intensiv Fotosynthese betreiben.

Der Wohlstandszuwachs der letzten Jahre hat in China die Nachfrage nach tierischem Protein in einem weltweit bisher wohl ungekannten Ausmaß angekurbelt.

Entsprechend gigantisch müssen die Schutzmaßnahmen für die Binnengewässer und Meere sein. Entlang dem Jangtsekiang betreut die Akademie der Wissenschaften 30 000 Hektar an Aquakulturflächen. Und das Projekt Zhangzidao, das sich an den nachhaltigen Ideen von IMTA orientiert, ist weltweit das bei Weitem größte seiner Art für Meeresfrüchte, die riesigen mit ähnlichem Ziel bewirtschafteten Tangfelder in seiner Nähe noch nicht einmal mitgerechnet.

Auch wenn China viele amerikanische und europäische Ansätze aufgegriffen hat, sind die Aquakulturen doch kaum miteinander vergleichbar. Der Westen bevorzugt Kaltwasserfische wie Forellen und Lachse, die sauerstoffreiches Wasser benötigen. Die Chinesen lieben Karpfen und Welse, Fische aus wenig belüfteten Gewässern. Die Vorstellung von einem heilen Ökosystem differiert ebenfalls völlig. „Ein See, den wir verschmutzt nennen, gilt für Chinesen als effizienter Nahrungsmittellieferant", bemerkt Trond Storebakken von der Universität für Umwelt- und Biowissenschaften in Ås bei Oslo. „Er darf nur nicht umkippen, und das gelingt ihnen. Das finde ich bemerkenswert."

Der Fischereiexperte hat sich bei der chinesischen Akademie für Fischwissenschaften gründlich informiert und das Land bereist. Er wundert sich, wie die Forscher natürliche Systeme nachahmen, indem sie einfach räuberische Arten mit Pflanzenfressern und Organismen, die ihre Nahrung aus dem Wasser filtrieren, zusammenbringen. Er traut China zu, bei seiner jahrtausendealten Tradition mit Aquakulturen ein neues Kapitel zu eröffnen. Auf völlig andere Weise als im Westen, und keineswegs ohne Fehler, aber immerhin besser als anderswo.

Für diesen Bericht erhielten Autor und Fotograf finanzielle Unterstützung von Mongabay Special Reporting Initiatives (mongabay.org).

Aus: Spektrum der Wissenschaft Spezial Biologie – Medizin – Hirnforschung 01/2016.

Literatur

Guilford G Rich countries pay Zombie fishing boats $5 billion a year to plunder the seas. In: Quartz, online 25. Juni 2014: http://qz.com/225432/rich-countries-pay-zombie-fishing-boats-5-billion-a-year-to-plunder-the-seas

Draft Intertek Fisheries Certification Report on Zhangzidao Scallop Fishery. https://www.msc.org/track-a-fishery/fisheries-in-the-program/certified/pacific/zhangzidao-scallop/assessment-down-loads-1/20150413_PCR_SCA326.pdf

Wang Q et al Freshwater Aquaculture in PR China: Trends and Prospects. In: Reviews in Aquaculture. Online 25. Oktober 2014 World wide fund for nature international: sustainable seafood and integrated fish farming in China. Onlinevideo 2012. www.youtube.com/watch?v=18xyR8KWrgE#t=220

Erik Vance lebt als Wissenschaftsautor in Baltimore, USA. In den USA absolvierte er ein Biologiestudium. Unter anderem forschte und lehrte er über Delfinintelligenz und über Meeresökologie. Er schreibt für verschiedene große amerikanische Zeitungen und Magazine.

Ackerbau und Viehzucht im Hochhaus

Kerstin Viering

Die wachsende Weltbevölkerung und die immer größer werdenden Städte gelten als große Herausforderungen für die nächsten Jahrzehnte: Wie sollen all diese Menschen mit Nahrung versorgt werden, ohne dass die Umwelt massiv darunter leidet? Eine Idee besteht darin, die Landwirtschaft zunehmend in Städte und Innenräume, vielleicht sogar in gläserne Hochhäuser zu verlegen. Doch bei der praktischen Umsetzung dieser Utopie gibt es Probleme.

Wir leben in der Vertikalen. Warum sollten wir dann nicht auch Landwirtschaft in der Senkrechten betreiben können?" Dickson Despommier hält es durchaus für möglich, dass sich die Farmen der Zukunft eher in die Höhe,

K. Viering (✉)
Lehnin, Deutschland

© Springer-Verlag GmbH Deutschland, ein Teil von Springer Nature 2020
K. Burger (Hrsg.), *Super-Food für Wissenshungrige!*,
https://doi.org/10.1007/978-3-662-61464-8_5

statt in die Fläche ausdehnen werden. Der emeritierte Professor für Gesundheitswesen und Mikrobiologie von der Columbia University in New York gilt als einer der prominentesten Verfechter des so genannten „Vertical Farming". Dieses Konzept sieht vor, Gemüse, Obst und Fleisch künftig verstärkt an und in Gebäuden direkt in der Stadt zu produzieren (Abb. 1). Das sei ein möglicher Weg, um die wachsende Weltbevölkerung auf nachhaltige Weise mit gesunden Lebensmitteln direkt aus der Region zu versorgen, betonen Befürworter. Doch wie realistisch sind solche Ideen?

Verführerisch klingen sie zweifellos. Schließlich gibt es Anlass genug, sich über die Landwirtschaft der Zukunft Gedanken zu machen. Nach Schätzungen der Vereinten Nationen lebten Mitte 2017 schon fast 7,6 Mrd. Menschen auf der Erde. In Zukunft soll sich das Bevölkerungswachstum zwar verlangsamen, trotzdem sagen die UN-Berechnungen für das Jahr 2050 fast

Abb. 1 Vision einer vertikalen städtischen Farm. (© LouisHiemstra/ Getty Images/iStock)

9,8 Mrd. Erdenbürger voraus. Und nur noch eine Minderheit davon wird den Prognosen zufolge auf dem Land zu Hause sein: Lebten im Jahr 1950 gerade einmal 30 % der Weltbevölkerung in Städten, waren es 2018 schon 55 %. Bis 2050 soll der Anteil auf 68 % steigen.

Wie aber sollen all diese Menschen satt werden? Nur durch einen effizienteren Anbau und Fortschritte in der Züchtung lasse sich das nicht gewährleisten, argumentieren die Anhänger der vertikalen Landwirtschaft. Zumal nach Berechnungen US-amerikanischer Forscher jedes Jahr rund zehn Mio. Hektar Acker durch Bodenerosion verloren gehen. Und weiterhin Wälder abzuholzen, um neue Anbauflächen zu gewinnen, ist ökologisch und aus Klimaschutzgründen kaum zu verantworten.

Anbau in der Stadt spart auch Transportkosten

Doch nicht nur mit Flächen müsste die Landwirtschaft der Zukunft sparsamer umgehen, sondern auch mit anderen Ressourcen wie etwa Wasser und Energie. Für all diese Herausforderungen könne die Landwirtschaft in der Senkrechten interessante Lösungen anbieten, betonen ihre Befürworter. Wenn man Nahrung künftig direkt in der Stadt produziere, könne man den Kunden beispielsweise nicht nur frischere Produkte anbieten, sondern auch Energie und Kosten für den Transport sparen.

Es gibt verschiedene Möglichkeiten, wie sich das theoretisch realisieren ließe. Am einfachsten klingt die Idee, die Dächer von städtischen Gebäuden als Anbaufläche für Gemüse und Kräuter zu nutzen. In Gewächshäusern oder auf Freilandbeeten könnten dort zum

Beispiel Paprika und Tomaten, Karotten, Bohnen und Kohl heranwachsen. Der Stadtplaner Kheir Al-Kodmany von der University of Illinois in Chicago hält das für einen durchaus viel versprechenden Ansatz für eine neue städtische Landwirtschaft. Zumal Dächer, auf denen es grünt und blüht, auch noch andere positive Effekte haben. So wirken sie wie eine Art natürliche Klimaanlagen und können dadurch den Energieverbrauch eines Gebäudes um bis zu 30 % senken (Abb. 2).

Allerdings sieht Kheir Al-Kodmany auch Probleme, die noch nicht gelöst sind. So eignet sich keineswegs jedes städtische Dach als Gemüsegarten. Zum einen muss das Gebäude das zusätzliche Gewicht von Gewächshäusern und Erde auch tragen können, zum anderen braucht man zur Pflege und zum Ernten der Pflanzen einen geeigneten Zugang zum Dach. Das alles kann Umbauten nötig machen und den Preis in die Höhe treiben. So musste die Dachfarm „Local Garden" im kanadischen Vancouver

Abb. 2 Ein Beispiel eines modernen Gewächshauses, Photo by Daniel van den Berg on Unsplash

im Jahr 2012 aus wirtschaftlichen Gründen schließen. In New York dagegen gibt es inzwischen schon einige solcher Anlagen, die erfolgreich arbeiten. Eine der größten davon ist die Brooklyn Grange Rooftop Farm, die auf zwei Gebäuden eine breite Palette von Biogemüse und Honig produziert. Die Pflanzen wachsen dabei in einer leichten Spezialerde, um das Dach nicht zu sehr zu belasten.

Bodenloser Anbau braucht auch keine Erde

Es gibt allerdings auch die Möglichkeit, auf Erde ganz zu verzichten. In Innenräumen kann man die Pflanzen direkt in einer wässrigen Lösung heranziehen, die alle wichtigen Nährstoffe enthält. Diese als Hydroponik bekannte Methode wird heute bereits in Gewächshäusern angewendet, um unter genau kontrollierten Bedingungen Gemüse-, Zier- und Arzneipflanzen heranzuziehen. Eine Variante davon ist die Aeroponik, bei der die Nährlösung mit Hilfe von Hochdruckdüsen oder Sprinklern vernebelt und als eine Art Dampf an die Wurzeln gebracht wird. Diese wachsen dadurch schneller als die grünen Pflanzenteile, so dass man das Verfahren vor allem zur Bewurzelung von Stecklingen verwendet.

Beide Methoden brauchen weniger Wasser und weniger Platz als der herkömmliche Anbau in der Erde. Man kann die Pflanzen auf diese Weise in Boxen oder auf großen Tabletts kultivieren, die sich in mehreren Etagen übereinanderstapeln lassen. Da sie mit Hilfe von LEDs oft künstlich beleuchtet werden, kann man solche Pflanztürme in beliebigen Innenräumen errichten, etwa in Lagerhallen oder Kellern.

Es gibt verschiedene Unternehmen rund um die Welt, die diese Form der vertikalen Landwirtschaft schon praktizieren. Die Firma Aerofarms in Newark im US-Bundesstaat New Jersey setzt zum Beispiel schon seit 2004 auf Aeroponik, um verschiedene Kräuter und Gemüsesorten zu züchten. Die größte dieser Farmen ist in einem ehemaligen Stahlwerk angesiedelt, zwei weitere nutzen die Räume eines früheren Nachtclubs und einer Paintball-Arena. Dort stapeln sich die von LEDs beleuchteten Pflanztabletts neun Meter hoch in großen Hallen. Spezielle Sensoren überwachen das Wachstum der Pflanzen, damit die Bedingungen möglichst optimal gestaltet werden können. Nach Angaben der Firma liefert jeder Quadratmeter Anbaufläche dadurch einen um 390 % höheren Ertrag als ein konventioneller Anbau auf dem Acker. Und dank eines ausgeklügelten Recyclings braucht man dazu auch noch 95 % weniger Wasser. So könne man die Bevölkerung mit umweltfreund-lich produzierten und frischen Produkten direkt aus der Nach-barschaft versorgen, wirbt das Unternehmen, das seine Aktivitäten künftig auch auf andere Regionen in den USA und weltweit ausdehnen will.

Auch Dickson Despommier plädiert mit ähnlichen Argumenten für die Indoor-Landwirtschaft.

🡹 „Mit Hilfe moderner Gewächshaus-technologien wie Hydroponik und Aeroponik könnte eine vertikale Farm theoretisch Fisch, Geflügel, Obst und Gemüse produzieren" – Dickson Despommier.

Einer ihrer größten Vorteile bestehe darin, dass sie dank optimierter Wachstumsbedingungen auf der gleichen

Fläche viel mehr Ertrag liefere. Bei Erdbeeren zum Beispiel könne man in den Spezialgewächshäusern bis zu 30-mal mehr ernten als unter freiem Himmel. Das könne im Idealfall den Druck von den Landschaften der Erde nehmen: Man gewinne ehemalige Ackerflächen zurück, die man wieder in Wald oder andere ökologisch wertvolle Lebensräume verwandeln und so in den Dienst des Natur- und Klimaschutzes stellen könne. Zudem bräuchten die Hightech-Anlagen kaum Wasser und Pestizide und könnten auch bei schlechten Bodenverhältnissen überall auf der Welt betrieben werden. Sie seien unabhängig von den Jahreszeiten und weniger anfällig für Wetterkapriolen wie Dürren und Überschwemmungen. „Mit Hilfe moderner Gewächshaustechnologien wie Hydroponik und Aeroponik könnte eine vertikale Farm theoretisch Fisch, Geflügel, Obst und Gemüse produzieren", schreibt der Wissenschaftler in seinem 2010 erschienen Buch „The Vertical Farm: Feeding the World in the 21st Century".

Futuristische Farmen gibt es bisher nur am Computer

Das entscheidende Wort in diesem Satz ist allerdings »theoretisch«. Denn vertikale Großfarmen in gläsernen Wolkenkratzern, in denen die verschiedensten Ackerfrüchte wachsen, Kühe muhen und Schweine grunzen, gibt es bisher nur im Computer. Und viele dieser Entwürfe muten ziemlich futuristisch an. Zusammen mit dem Architekten Eric Ellingsen vom Illinois Institute of Technology hat Dickson Despommier zum Beispiel eine 30-stöckige gläserne Pyramidenfarm entworfen, die eine breite Palette von Obst- und Gemüsesorten, aber auch Fisch und Geflügel produzieren und so jährlich etwa 50 000

Menschen ernähren soll. Durch ein ausgeklügeltes Recyclingsystem soll sie nur 10 % des Wassers von normalen Landwirtschaftsbetrieben verbrauchen und nur 5 % der Fläche beanspruchen.

Ähnlich ambitionierte Ideen gibt es auch von der schwedischen Firma Plantagon. Zum Beispiel den so genannten „Plantscraper", einen zwölfstöckigen Wolkenkratzer mit halbmondförmigem Grundriss. An dessen südlicher Fassade befindet sich eine Indoor-Farm, die jedes Jahr zwischen 300 und 500 t Blattgemüse, vor allem den mit dem Chinakohl verwandten Pak Choi produzieren soll. Außer den Anbauräumen sieht der Gebäudeplan auch noch Büros und einen Markt vor. Neben dem „Plantscraper" hat die Firma auch kugelförmige Pflanzenfarmen und spezielle Gewächshäuser für Fassaden geplant.

Deutlich bodenständiger wirken die Entwürfe des Deutschen Zentrums für Luft- und Raumfahrt (DLR) in Bremen. Dabei arbeiten die dortigen Forscher an einem besonders ehrgeizigen Ziel. Im Projekt EDEN (Evolution & Design of Environmentally closed Nutrition-sources) entwickeln sie Gewächshäuser, die zum Beispiel auf dem Mond oder Mars aufgebaut werden könnten, um Astronauten mit frischem Obst und Gemüse zu versorgen. Sie haben aber auch überlegt, wie man solche Systeme auf der Erde nutzen kann – etwa in Städten oder klimatisch ungünstigen Gebieten.

Gemüse in der Antarktis

Dabei herausgekommen ist die sogenannte „Vertical Farm 2.0", die Ingenieure des DLR zusammen mit internationalen Partnern entworfen haben. Das Gebäude sieht aus wie ein kompakter Quader mit einer Grundfläche von 74 mal 35 m. In der untersten Etage sind Logistik,

Verwaltung und Kühlräume untergebracht, darüber folgen vier weitere Etagen, in denen die Pflanzen angebaut werden sollen. Jedes dieser Stockwerke ist etwa sechs Meter hoch und bietet damit Platz für große Regale, in denen die gewünschten Pflanzen versorgt mit Nährstoffen und LED-Licht auf mehreren Ebenen wachsen können. Für Blattgemüse wie Salat gibt es auf einer solchen Etage 5000 Quadratmeter Anbaufläche. Höher wachsende Pflanzen wie Tomaten, Paprika oder Gurken lassen sich immerhin auf 1700 Quadratmetern züchten. Insgesamt soll jedes dieser Stockwerke pro Jahr fast 630 000 kg Salat oder mehr als 95 000 kg Tomaten liefern können.

Wie man die Lichtverhältnisse, die Bewässerung und die Anordnung der Pflanzen optimal gestalten kann, tüfteln die Forscher im Labor aus. Und einen Praxistest unter harten klimatischen Bedingungen hat eines ihrer Modellgewächshäuser auch schon hinter sich. Im Januar 2018 haben DLR-Mitarbeiter es in der Nähe der deutschen Antarktisstation Neumayer III aufgebaut, die vom Alfred-Wegener-Institut, dem Helmholtz-Zentrum für Polar- und Meeresforschung (AWI) betrieben wird.

DLR-Mitarbeiter Paul Zabel hat ein ganzes Jahr dort verbracht, um am südlichen Ende der Welt Gemüse, Salate und Kräuter zu züchten. Die Ausbeute konnte sich sehen lassen. Insgesamt hat das Antarktisgewächshaus in einem Jahr auf einer Anbaufläche von etwa 13 Quadratmetern 67 kg Gurken, 46 kg Tomaten, 19 kg Kohlrabi, 8 kg Radieschen, 15 kg Kräuter und 117 kg Salat geliefert. Vor allem für die Überwinterercrew, die den langen Polarwinter isoliert von der Außenwelt in der Station verbrachte, war die frische Kost eine willkommene Bereicherung des Speiseplans. In den nächsten Jahren wollen DLR, AWI und andere Partner das Gewächshaus weiterentwickeln und auch den Anbau anspruchsvollerer Pflanzen wie etwa Erdbeeren vorantreiben.

Tomaten und Fische ergänzen sich gut

Die Produktion der Indoor-Farmen muss sich allerdings nicht nur auf vegetarische Kost beschränken. Schweine oder Rinder leben zwar bisher nur in der Fantasie von Architekten in gläsernen Hochhäusern mit Freiluftbalkons. In der Praxis bewährt hat sich aber schon ein Aquaponik genanntes Verfahren, das Pflanzenbau und Fischzucht kombiniert. Wenn man Fische in einer Aquakultur hält, muss man jeden Tag zwischen 5 und 15 % des Wassers austauschen. Denn sonst reichert sich darin zu viel Nitrat an, das aus den Stoffwechselprodukten der Fische entsteht. „Das entnommene nährstoffreiche Wasser müsste man normalerweise über die Kläranlage entsorgen, was in Berlin immerhin 2,50 Euro pro Kubikmeter kostet", erklärt Werner Kloas vom Leibniz-Institut für Gewässerökologie und Binnenfischerei (IGB) in Berlin. „Wir verwenden es stattdessen als Flüssigdünger."

»Tomatenfisch« nennen er und seine Kollegen ihr Konzept, bei dem Süßwasserfische und Tomaten in einem Gewächshaus gemeinsam gezüchtet werden. Da beide zum Beispiel in Sachen pH-Wert etwas unterschiedliche Ansprüche haben, wachsen sie in getrennten Kreisläufen heran, die allerdings über ein Einwegventil verbunden sind. Das Wasser aus den Fischbecken wird dabei zunächst mit Hilfe von Lamellenfiltern von Feststoffen befreit. Anschließend wandelt ein mit Bakterien besetzter Biofilter das von den Fischen ausgeschiedene Stoffwechselprodukt Ammonium in Nitrat um, das ein sehr guter Nährstofflieferant für Tomaten ist. Bei Bedarf fließt das Fischwasser dann über ein Einwegventil zum Düngervorratsbehälter der Pflanzen und wird dort mit noch fehlenden Nährstoffen sowie dem pH-Wert optimal an die Bedürfnisse der Tomaten angepasst. Auch das von den Fischen ausgeatmete Kohlendioxid können die

Pflanzen verwerten, um mittels Fotosynthese Energie zu gewinnen und im Gegenzug Sauerstoff zu produzieren. Der Wasserdampf, den sie aus ihren Spaltöffnungen abgeben, kommt im Gegenzug wieder den Fischen zugute: Er wird durch ein Kühlsystem kondensiert und wieder in den Fischkreislauf eingespeist. So entsteht ein nahezu geschlossenes System, das nur sehr wenig Wasser verbraucht und in dem Ressourcen wie Nährstoffe, Wasser, Wärme und Strom doppelt genutzt werden können. Auch mit den Erträgen sind die Forscher schon recht zufrieden. In etwa einem dreiviertel Jahr lieferten die etwa acht Kubikmeter fassenden Fischtanks üppige 600 kg der zu den afrikanischen Buntbarschen gehörenden Tilapien. Gleichzeitig brachten die Tomaten einen Ertrag von etwa neun Kilogramm pro Pflanze und damit insgesamt rund 1000 kg Früchte. Durch weiteres Tüfteln an den Bedingungen konnten die Forscher sogar noch höhere Erträge von bis zu 3000 kg erzielen, die durchaus mit denen von allein auf Tomatenanbau spezialisierten Hydroponik-Gewächshäusern mithalten konnten. Auch die Inhaltsstoffe der Früchte, etwa ihr Gehalt an Farbstoffen wie Lycopin und Betacarotin unterschied sich zwischen beiden Anbauformen nicht. Gute Erfahrungen haben die IGB-Forscher auch schon mit der kombinierten Zucht von Tomaten und afrikanischen Raubwelsen gemacht. Auch in diesem Fall kann man beides zusammen genauso effizient produzieren wie in unabhängigen Anlagen, spart dabei aber jede Menge Dünger – und damit auch Treibhausgasemissionen, die bei dessen Herstellung anfallen würden. An der Müritz in Mecklenburg-Vorpommern ist bereits eine kommerziell wirtschaftende Anlage in Betrieb, die auf 500 Quadratmeter Fläche afrikanische Raubwelse und im Sommer 70 bis 80 kg Tomaten pro Tag liefert.

In einem neuen EU-Projekt namens Cityfood untersuchen Wissenschaftler vom IGB und anderen europäischen Institutionen derzeit, wie man solche Aquaponik-Systeme gezielt für die Nahrungsmittelproduktion in Städten einsetzen kann. Beispiele in Deutschland, Norwegen, Schweden, den USA und Brasilien sollen zeigen, was man dabei in unterschiedlichen Regionen berücksichtigen muss und wann sich das System wo rentiert.

Larven als Fischfutter

Zudem wollen sich Werner Kloas und seine Kollegen in Zukunft nicht mit der Kombination von Tomate und Fisch begnügen, sondern noch eine dritte Komponente einfügen. Im März startet das vom Bundesministerium für Bildung und Forschung geförderte Projekt „Cubes Circle", das Aquakultur und Hydroponik mit der Produktion von Insekten verbinden soll. Die als besonders robust und anspruchslos geltenden Soldatenfliegen der Art Hermetia illucens, die aus dem tropischen Afrika stammen, sollen die Pflanzenabfälle und Fischsedimente der Anlage fressen. „Wenn man die Larven dieser Insekten dann trocknet und entfettet, kann man sie zu Fischfutter verarbeiten", sagt Werner Kloas. Die Ernährung der Tiere gilt nämlich als einer der Knackpunkte für eine umweltfreundlichere Fischzucht. Das traditionell dafür verwendete Fischmehl ist ökologisch problematisch, weil es oft aus ohnehin schon überfischten Meeresarten gewonnen wird.

Doch auch pflanzliche Alternativen haben ihre Tücken. Und zwar nicht nur im Fall von Soja, dessen Anbau viel Wasser verbraucht und vielerorts den wertvollen Regenwald verdrängt. „Auch ein Kilogramm Weizen oder Erbsen zu produzieren, verschlingt 700 bis 800 Liter

Wasser", sagt Werner Kloas. „Solche Nahrungsmittel sollten wir daher lieber selbst essen, statt sie an Fische zu verfüttern." Zumal pflanzliche Kost für Fische nicht die optimale Kombination von Aminosäuren bietet.

Das Aminosäureprofil von Insekten passt dagegen deutlich besser zu den Ansprüchen der schwimmenden Kundschaft, zeigen die Untersuchungen der IGB-Forscher. „Bei allesfressenden Süßwasserarten wie Karpfen und Tilapien kann man das konventionelle Futter komplett durch Mehl aus Fliegenmaden ersetzen", sagt Werner Kloas. Eine solche Umstellung wäre seiner Einschätzung nach ein großer Schritt in Richtung einer nachhaltigeren Aquakultur, weil sich die Insekten ohne größere Umweltfolgen produzieren lassen. Dazu müssen die Forscher allerdings vor allem an der Steuer- und Regeltechnik ihrer Tomatenfisch-Gewächshäuser arbeiten, damit diese auch die Bedürfnisse der Fliegen erfüllen können.

Teure Höhenflüge

Herauskommen soll bei dieser Tüftelei ein Fisch-Tomaten-Insekten-Modul, das sich gut für die Lebensmittelproduktion in Städten eignet. „Theoretisch kann man diese so genannten Cubes natürlich auch übereinanderstapeln und so in Richtung Vertical Farming gehen", sagt Werner Kloas. Ob das sinnvoll ist, bezweifelt er allerdings. Denn bei der Nahrungsmittelproduktion in die Höhe statt in die Fläche zu streben, ist teuer. Das fängt schon bei den Gebäudekosten an. „Ein Quadratmeter Gewächshaus in der Ebene kostet etwa 200 Euro, bei einem Hochhaus kommt man leicht auf 1500 bis 2000 Euro", berichtet der Berliner Forscher. Zudem sei die Pflege und Ernte bei vertikalen Kulturen aufwändiger und man brauche mehr Energie für die Wasserpumpen.

Trotzdem ist Werner Kloas kein Gegner der senkrechten Landwirtschaft, er bescheinigt ihr durchaus einige Vorteile. So können Pflanzen an der Fassade oder auf dem Dach für ein besseres Gebäudeklima sorgen und auch optisch punkten. Darüber hinaus sieht er einen sozialen Nutzen, den solche Farmen zum Beispiel an Schulen entfalten können. Die Schüler könnten dort einiges über Nahrungsmittel und ökologische Zusammenhänge lernen und dabei auch gleich noch frische Lebensmittel für die Schulkantine gewinnen.

„Wenn man Vertical Farming kommerziell betreiben will, wird es wegen der hohen Kosten allerdings schwierig", meint Werner Kloas. Er hält es für unwahrscheinlich, dass Verbraucher für solche Produkte den zwei- bis dreifachen Preis bezahlen würden, damit sich die Investitionen rechnen. Deshalb sieht er die Zukunft der innerstädtischen Landwirtschaft weniger in Wolkenkratzern, als in großen, einstöckigen Spezialgewächshäusern, die etwa auf Industriebrachen entstehen könnten. Das würde immer noch deutlich weniger Platz beanspruchen als herkömmlicher Ackerbau, weil die Indoor-Landwirtschaft auf der gleichen Fläche fünf- bis zehnmal mehr Biomasse produzieren kann. Und gleichzeitig wäre man in den einstöckigen Anlagen nicht komplett auf künstliche Beleuchtung angewiesen, sondern könnte das Sonnenlicht nutzen. Auch andere Experten sehen Kosten und Energieverbrauch als Nachteile der Hochhauslandwirtschaft. Die Wissenschaftler des DLR haben zum Beispiel ausgerechnet, dass man bei ihrer „Vertical Farm 2.0" zunächst rund 36,7 Mio. Euro für Gebäude und Ausstattung investieren müsste. Der anschließende Betrieb würde dann rund 6,5 Mio. Euro pro Jahr kosten. Allein die Energiekosten würden dabei mit 2,8 Mio. Euro zu Buche schlagen, der Löwenanteil davon entfiele nach derzeitigem Stand der

Technik auf die Beleuchtung mit LEDs. Damit sich das alles rechnet, müsste der in einer solchen Farm angebaute Salat für stolze 5,81 Euro pro kg verkauft werden und das Kilo Tomaten für 9,94 Euro. Innovationen wie leistungsfähigere LEDs könnten den Anbau künftig allerdings günstiger machen, hoffen die DLR-Mitarbeiter.

Kheir Al-Kodmany von der University of Illinois in Chicago fragt sich allerdings auch, ob die potenziellen Kunden solche Nahrungsmittel denn auch akzeptieren würden. Obwohl das Gemüse in Sachen Frische und Regionalität punkten könne, sei die Hightech-Produktion ohne Erde und Sonnenlicht in den Augen vieler Menschen eben nicht die natürliche Art der Lebensmittelgewinnung. Global gesehen sieht der Architekt auch noch ein soziales Problem. Die wachsende Weltbevölkerung wird zwar häufig als Argument für die vertikale Landwirtschaft angeführt. Nur steigen die Bevölkerungszahlen vor allem in Entwicklungsländern. Das aber wirft für Kheir Al-Kodmany eine ganze Reihe von Fragen auf. Haben diese Länder die nötige Technik, die Expertise und das Geld, um Vertical Farming zu betreiben? Kann man es schaffen, dass die Produkte auch für die Armen erschwinglich werden? Und wie kann man sie all jenen Menschen zugänglich machen, die abseits aller glitzernden Glastürme in Slums leben? Wer das Potenzial der vertikalen Landwirtschaft einschätzen will, sollte auch darauf Antworten finden. Vielleicht kann der Mensch seine Nahrung eines Tages tatsächlich in der Senkrechten gewinnen. Die Lösung aller Ernährungsprobleme wird aber auch das nicht sein.

Aus: Spektrum der Wissenschaft Die Woche Nummer 6, 2019.

Kerstin Viering studierte Biologie und schreibt als freie Wissenschaftsjournalistin u. a. für die *Berliner Zeitung, Frankfurter Rundschau* und *Stuttgarter Zeitung*. Als Autorenteam veröffentlichten Roland Knauer & Kerstin Viering bisher mehr als zehn Sachbücher, außerdem zahlreiche Beiträge für Lexika, Forschungsinstitute und Naturschutzorganisationen.

Bienenlarven mit Rhabarberessig

Kathrin Burger

Insekten sollen auf den Teller – doch so einfach ist das nicht. Fachleute fürchten Gesundheitsrisiken, zum Beispiel Allergien. Frittierte Skorpione oder Käfer sind auf den Straßenmärkten in Thailand oder Kambodscha keine Seltenheit.

In Nigeria werden Termiten verspeist, in Mexiko gibt es mit Schokolade überzogene Heuschrecken. Rund 1900 Insektenarten stehen auf den Speisekarten dieser Welt, zwei Milliarden Menschen verspeisen sie regelmäßig (Abb. 1). In Thailand zum Beispiel erzeugt man die Tiere in industriellem Maßstab, aber auch das Sammeln in der Wildnis oder die Zucht in der heimischen Küche ist verbreitet. Dagegen taugt hier zu Lande gerade mal der

K. Burger (✉)
München, Deutschland

© Springer-Verlag GmbH Deutschland, ein Teil von Springer Nature 2020
K. Burger (Hrsg.), *Super-Food für Wissenshungrige!*,
https://doi.org/10.1007/978-3-662-61464-8_6

Wurm im Mezcal zur Mutprobe – Insekten und ihren Maden haftet ein Ekelimage an, sie gelten als Schädlinge und Ungeziefer.

Wenn es nach der Welternährungsorganisation FAO geht, sollte sich das ändern. Auch Menschen in westlichen Gesellschaften wird empfohlen, in naher Zukunft mehr Insekten zu essen. Schließlich wird die Erdbevölkerung im Jahr 2050 auf schätzungsweise neun Milliarden Menschen angewachsen sein, dann müssten 70 bis 80 % mehr tierisches Eiweiß erzeugt werden. Unklar ist bislang, wie dies gelingen soll, schließlich wird die fleischlastige Kost vieler Länder mit ihrem hohen Verbrauch an Futterpflanzen, Land, Dünger und Pestiziden für die regionalen Ökosysteme irgendwann nicht mehr tragbar sein.

Krabbeltiere auf den Teller!

Entomophagie, wie das Fachwort für das Verspeisen von Insekten heißt, könnte hier eine geeignete Alternative sein. Denn: Die Krabbeltiere sind gleichzeitig nahrhaft und ressourcenschonend. Sie liefern mit rund 20% etwa

KRABBELTIERE ALS STREET FOOD. In vielen Ländern der Welt sind Insekten als Nahrungsmittel durchaus üblich – hier ein Marktstand in Bangkok. (© CJ_Romas/Getty Images/iStock)

genauso viel Eiweiß wie andere tierische Produkte. Dabei steckt in ihnen hochwertigeres Protein als in Pflanzen. Die Larven des Palm-Rüsselkäfers (Rynchophorus phoenicis) enthalten etwa die essenziellen Aminosäuren Lysin und Leucin, wie eine aktuelle Auswertung britischer und japanischer Forscher unter der Leitung von Charlotte Payne von der Rikkyo University in Tokio zu Tage brachte. Zudem sind Insekten meist reicher an ungesättigten Fettsäuren, sie konkurrieren in dieser Hinsicht sogar mit einigen Seefischarten. Zudem enthalten sie Mikronährstoffe wie Kupfer, Eisen, Magnesium, Kalzium, Mangan, Phosphor, Selen und Zink sowie B-Vitamine. Einige Arten sind reich an Folsäure.

Allerdings relativiert Payne die Aussage, dass Insekten generell besser als Fleisch seien: „Die Nährstoffprofile sind extrem unterschiedlich." Vor allem in Ländern, die bereits mit Überernährung kämpfen, sind Insekten als Fleischersatz nicht pauschal empfehlenswert, weil sie teilweise mehr Energie, Natrium und gesättigte Fettsäuren liefern als Huhn, Rind und Schwein. Bei unterernährten Menschen seien etwa Grillen, Larven des Rüsselkäfers und Mehlwürmer jedoch gesünder als Fleisch. Schließlich sind sie reicher an Mikronährstoffen, die in einer kargen Kost oft fehlen.

Besieht man sich die Klimabilanz, sind die Krabbeltiere jedoch eindeutig Gewinner. Als Kaltblüter müssen sie nämlich keine Energie zur Körpererwärmung aufbringen. So wandeln sie Futter effizienter um als andere Nutztiere: Insekten benötigen für eine Gewichtszunahme von einem Kilogramm im Schnitt 2 kg Futter, während Hühner dafür 2,5 kg, Schweine rund 5 kg und Rinder sogar 10 kg benötigen. Laut einer aktuellen Studie der Universität Wageningen unter Leitung von Dennis Oonincx verstoffwechseln vor allem die Argentinische Schabe und die Soldatenfliege besonders verlustarm. Mit dem geringen Futtermittelbedarf sinkt auch der Wasser- und Landverbrauch. Insekten sind zudem genügsam. Sie machen aus Biomüll hochwertiges Protein. Schätzungsweise ein Drittel aller Lebensmittel, 1,3 Mrd. t, gehen während Ernte, Transport und Produktion verloren. Mit Lebensmittelabfällen wie Melasse, Kartoffelschalen, Bierhefe oder Keksresten nehmen die Tiere genauso vorlieb wie mit Holzspänen aus der Forstwirtschaft oder Ausscheidungen von Tier oder Mensch. Laut der holländischen Studie ergeben sich jedoch auch Änderungen im Nährstoffgehalt der Tiere je nach Futterzusammensetzung und Art. Wenn Schaben viel eiweißreiche Bierhefe fraßen, enthielt ihr Fleisch auch mehr Eiweiß. Bei anderen Insekten hingegen spielte die Diät kaum eine Rolle.

Auch in Sachen Treibhausgasen können Insekten punkten: Verglichen mit Schweinen produzieren beispielsweise Mehlwürmer pro Kilogramm Körpermasse 10- bis 100-mal weniger klimaschädliche Gase wie Methan und Kohlendioxid. Auch Ammoniakverluste kommen auf Insektenfarmen kaum vor.

Derzeit sind solche Produktionsanlagen in der EU allerdings noch gar nicht erlaubt. Das ist ein großes Hindernis für die Akzeptanzsteigerung und die weitere Verbreitung in Europa", meint Paul Vantomme von der FAO. Dafür wird die Forschung mit 1,12 Mio. Euro gefördert. Und das ist gut so, denn es gibt noch erhebliche Wissenslücken, was die industrielle Produktion von Insekten angeht. Das geht aus einer im Herbst 2015 von der Europäischen Behörde für Lebensmittelsicherheit (EFSA) mit Sitz in Parma veröffentlichten Meinung hervor.

Genügsame Futterverwerter

So weiß man wenig darüber, ob und in welchem Umfang chemische Schadstoffe wie Schwermetalle, Toxine und Hormone auf Insekten übergehen. Aus Thailand und Kuwait gibt es etwa Berichte, dass Insekten so stark mit Pestiziden belastet waren, dass sie ein Gesundheitsrisiko für Verbraucher darstellten. Das könnte laut einer aktuellen belgischen Studie der Universität Löwen auch für Mehlwürmer und Grashüpfer gelten, die mit Pflanzenabfällen gefüttert werden. Obendrein fand man Quecksilber und Blei in Insekten in Nordamerika, die für den menschlichen Konsum gedacht waren.

Zu möglichen Gefahren durch Bakterien, Viren, Parasiten oder Pilzen ist ebenso wenig bekannt. Salmonellen könnten etwa in den Produktionsanlagen vorkommen, eine Übertragung auf den Menschen wäre also möglich. Auch von Campylobacter und Escherichia coli, zwei weiteren Durchfallerregern des Menschen, weiß man, dass sie bis zu einer Woche in Insekten überleben können. „Solche Informationen sind wichtig, um Dynamiken in Insektenfarmen abzuschätzen", schreibt Simone Belluco, Veterinärmediziner an der Universität Padua in einem Übersichtsartikel im Jahr 2015. Allerdings werden bei der Verarbeitung der Tiere etwa zu Mehl Mikroben abgetötet. Nach der sechs- bis achtwöchigen Aufzucht in einer Farm werden diese nämlich gefriergetrocknet, was nur ganz hartgesottene Mikroben überleben. Derzeit kommen in Anlagen in Asien jedoch keine Antibiotika zum Einsatz – ohne gehäufte Erkrankungsfälle.

Letztlich, so meinen die EFSA-Forscher, sei auch das Thema Allergie noch zu wenig beleuchtet. Schließlich gibt es Allergien, die auf Insektenbefall bei Pflanzen zurückzuführen sind. So zeigten einige Menschen in Spanien allergische Symptome, nachdem sie Linsen gegessen hatten – diese waren mit dem Linsenkäfer Bruchus lentis infiziert. Auch in Thailand und China gab es gehäuft Fälle von Allergien und sogar anaphylaktischen Schocks nach dem Verzehr von Seidenraupen-Puppen, Mehlwürmern, Grashüpfern und Grillen. Chemiker haben Stoffe wie die Arginin-Kinase und Tropomyosin als potenzielle Allergene im Verdacht. Ihretwegen kommt es auch oft zu Kreuzreaktionen bei bereits bestehenden Allergien auf Krustentiere und Hausstaubmilben.

Trotz allem gehen die Risikoforscher in Parma davon aus, dass das Gefahrenpotenzial für Mensch und Umwelt dem anderer Tierproduktionssysteme ähnelt, wenn die zugelassenen Futtermittel verwendet werden. Laut EFSA haben Stubenfliegen, Mehlwürmer, Grillen und Seidenraupen das größte Potenzial in der EU. Ein schwedisches Architektenbüro hat bereits Pläne für eine riesige Insekten-Mastanlage in Stockholm vorgelegt. Im so genannten Buzzbuilding sollen irgendwann Grillen jährlich rund 800 t Eiweiß liefern. Auch Belluco meint: „Es ist an der Zeit, Insekten zu rehabilitieren."

Der Wurm muss auch dem Angler schmecken

Der Verkauf von Insekten für den menschlichen Verzehr ist derweil in einigen europäischen Ländern schon erlaubt. Im weltberühmten Noma in Kopenhagen serviert man auch mal Rindfleischtartar mit Ameisen. Und das benachbarte Nordic Food Lab erforscht die Verwendung von Insekten in der europäischen Küche. Ein Gin mit Roten Ameisen, der Anty Gin, ist bereits auf dem Markt. Er glänzt durch Ameisensäure und Pheromone mit einem Aroma von Zitrone und Karamell. »Die Menschen müssen weniger Fleisch essen, aber wenn wir ihnen keine wohl-schmeckenden Alternativen liefern, wird das wohl nie passieren«, meint Michael Bom Frost, Sensoriker an der Universität Kopenhagen. Er hat etwa herausgefunden, dass gebratene Bienenlarven wie Gänseleber schmecken. Mit Rhabarberessig mariniert sollen sie an Ceviche erinnern.

Erstaunlicherweise ist Entomophagie in Europa keine Neuheit. In Frankreich und Deutschland kannte man bis in die 1960er Jahre hinein die Maikäfersuppe, die geschmacklich an Krebsfleisch erinnerte. Noch heute gibt es auf Sardinien und in Frankreich Käse, der mit lebenden Fliegenlarven serviert wird. Doch bevor die Insekten-Kost wieder größere Akzeptanz erfährt, werden die Tiere wohl zuerst als Futtermittel Verbreitung finden. Denn: Laut einer EU-weiten Umfrage würden immerhin 70 % der Befragten Fleisch essen, das mit Insekten im Tierfutter produziert wurde. Statt Soja oder Fischmehl versorgt dann Insektenpulver Schweine, Geflügel und Fische in Aquakultur mit der Extraportion Eiweiß. „Die EU könnte sich so weniger abhängig von Futtermitteln machen", meint Vantomme.

Aus: Spektrum der Wissenschaft Die Woche Nr. 22, 2016.

Literatur

Belluco S et al (2015) Edible insects: A food security solution or a food safety concern? Animal Frontiers 5(2)

EFSA (2015) Risk profile related to production and consumption of insects as food and feed

FAO: Edible Insects. http://www.fao.org/docrep/018/i3253e/i3253e.pdf

Houbraken   M et al (2016) Pesticide contamination of Tenebrio molitor (Coleoptera: Tenebrionidae) for human consumption. Food Chem 15(201):264–269

Oonincx D et al (2015) Feed Conversion, Survival and Development, and Composition of Four Insect Species on Diets Composed of Food By-Products. PLoS ONE 10(12):e0144601

Payne C et al (2016) Are edible insects more or less „healthy" than commonly produced meats? A comparison using two nutrient profiling models developed to combat over- and undernutrition. Eur J Clin Nutr 70:285–291

Kathrin Burger lebt und arbeitet als Freie Wissenschaftsjournalistin in München. Sie hat Ökotrophologie studiert und einige Bücher zum Thema Ernährung publiziert.

Wie krank macht Zucker?

Ulrike Gebhardt

Zucker erfreut sich immer noch steigender Beliebtheit. Sein übermäßiger Konsum gilt als eines der größten Gesundheitsrisiken weltweit: 5 Fakten zum Süßungsmittel.

Das Heer Alexander des Großen brachte „Honigpulver" aus Indien nach Europa, die Kreuzfahrer kamen mit „süßem Salz" aus dem Heiligen Land zurück. Im Laufe der Jahrhunderte mutierte die seltene Köstlichkeit jedoch zu einer Zuckerlawine, unter der heute große Teile der Bevölkerung begraben sind. Der durchschnittliche Deutsche verbraucht über 30 kg Zucker im Jahr, der US-Amerikaner sogar weit über 50 kg. Dass dieser Konsum die Entstehung von Diabetes fördern kann, steht außer Zweifel (Abb. 1). Doch wie sieht es mit anderen

U. Gebhardt (✉)
Hildesheim, Deutschland

© Springer-Verlag GmbH Deutschland, ein Teil von Springer Nature 2020
K. Burger (Hrsg.), *Super-Food für Wissenshungrige!*,
https://doi.org/10.1007/978-3-662-61464-8_7

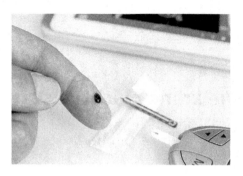

BLUTZUCKERMESSUNG. Überhöhter Zuckerkonsum kann den Insulin haushalt des Körpers empfindlich stören und so die Ausbildung von Diabetes Typ-2 begünstigen. Eine Studie aus dem Jahr 2013 deutete beispielsweise an, dass eine überdurchschnittlich hohe Aufnahme von Fruchtsäften dieses Risiko erhöht, während reichlich Obstgenuss es sogar senkt. (© iStock/Tuned_In/Getty Images)

Gesundheitsproblemen aus? Haben wir hier ein dickes Problem? 5 Fragen, 5 Antworten.

Schadet Zucker tatsächlich dem Herz-Kreislauf-System?

Was wäre eine wissenschaftliche Studie ohne die andere Studie, die das genaue Gegenteil beweisen soll? So existieren ebenso Untersuchungen, die einen Zusammenhang zwischen erhöhtem Zuckerkonsum – etwa durch ein Übermaß an gesüßten Limonaden – und Bluthochdruck zeigen, wie auch Gegenbeispiele, laut denen das nicht der Fall ist. Andere Arbeiten belegen laut den publizierten Ergebnissen, dass Menschen riskieren, am metabolischen Syndrom (dem so genannten tödlichen Quartett aus Bluthochdruck, Übergewicht, Insulinresistenz und erhöhten Blutfetten) zu erkranken, wenn sie sich sehr süß ernähren –

während weitere Resultate das verneinen. Was weiß die Medizin also bislang?

Kimber Stanhopes Team von der University of California in Davis etwa hat eine Untersuchung gemacht, bei der sich junge Erwachsene nach Belieben ernähren können, aber 0, 10, 17,5 oder 25 % des täglichen Kalorienbedarfs mit Limonade decken sollten. Schon nach wenigen Wochen stiegen im Blut der Teilnehmer in Abhängigkeit von der Menge der getrunkenen Limonade und der darin enthaltenen Fruktose die Fett- und Harnstoffwerte und damit die Risikofaktoren für Herz-Kreislauf-Erkrankungen deutlich an. „Frau Stanhope hat die Risiken von High-Fruktose-Getränken dargelegt", sagt Lutz Graeve vom Institut für Biologische Chemie und Ernährungswissenschaft an der Universität Hohenheim.

Dass überhaupt kontrovers zu diesem Thema diskutiert wird, hänge mit Studien zusammen, die von der amerikanischen Zuckerindustrie finanziert worden seien, so Graeve. Vor allem diese sehen keine Verbindung zwischen Zucker und Herz-Kreislauf-Erkrankungen. Es ist daher wichtig, auf den Absender zu schauen. Wer hat die Studie in Auftrag gegeben, wer hat sie unterstützt? „Kimber Stanhopes Studien wurden vom National Institute of Health finanziert und sind in hochrangigen Zeitschriften veröffentlicht", sagt Graeve – was zumindest eine gewisse Unabhängigkeit vermuten lässt. Wahrscheinlich sorgen direkte und indirekte Mechanismen dafür, dass die Zuckerflut – allen voran die Getränken häufig hochkonzentriert zugesetzte Fruktose – dem Herz und den Gefäßen schadet. Die Fruktose strömt unreguliert in die Leber und wird dort in Fett umgewandelt, wodurch sie verfetten kann. Die Blutfettwerte entwickeln sich ungünstig, der Harnsäurespiegel steigt, und außerdem reagieren die Körperzellen weniger empfindlich auf die Wirkung des zuckersenkenden Insulins.

Wer auf Dauer zu süß isst, kann an Gewicht zulegen, was das Herz-Kreislauf-Risiko ebenfalls steigert. „Eine Ernährung, die reichhaltig zugefügte Zucker enthält, verdreifacht das Risiko, an einer Erkrankung des Herz-Kreislauf-Systems zu sterben", schreiben James DiNicolantonio und zwei Kollegen vom Saint Luke's Heart Institute in Kansas City in einer Übersichtsarbeit. Sie kommen zu dem Schluss, dass die jahrelange Fixierung auf die Fette und deren Vermeidung nicht nur positiv war, weil der Zucker bei der Entstehung von Herz-Kreislauf-Erkrankungen ein viel größeres Problem zu sein scheint.

Welchen Anteil hat Zucker an Fettleibigkeit – verglichen mit Fett?

Man sollte sich also nicht einseitig auf Fett als Bösewicht der Ernährung fixieren und genauso wenig nur auf Zucker. Das zeigen zum Beispiel neue Ergebnisse der britischen Biobank-Studie. Darin wurden die Daten einer Online-Ernährungsbefragung und klinische Messungen von 132 479 britischen Männern und Frauen ausgewertet. Was essen diese Leute, und wie hoch fällt als Folge ihr Body-Mass-Index (BMI) aus? Das Ergebnis: Verglichen mit normalgewichtigen Personen nehmen Übergewichtige einen höheren Anteil der Kalorien mit Fett, aber einen niedrigeren mit Zucker auf.

Insgesamt verzehren schwergewichtige Personen 11,5 % mehr Kalorien als Normalgewichtige. Der BMI steht dabei in einer engeren Beziehung zur Gesamtkalorienaufnahme und zum Anteil des Fetts als zum Zucker. Die Devise „weniger Zucker" führe nur dann zur Gewichtsabnahme, wenn die Menschen insgesamt weniger Kalorien aufnehmen würden, so das Fazit der Studienautoren. „Wir dürfen uns nicht nur auf Appelle zur Reduzierung des Zuckers festlegen, wir sollten betonen, dass auch weniger Fett gegessen werden muss", sagt Mitautor Jason Gill vom Institute of Cardiovascular and Medical Sciences an der University of Glasgow.

Der Mensch ist ein Gewohnheitstier, und wenn er sich das eine Leckere verkneift, entschädigt er sich häufig mit anderen schmackhaften Dingen. Hinweise für dieses als „Zucker-Fett-Wippe" bekannte Phänomen, gibt es aus mehreren Studien. Dabei kann die Wippe sowohl in die eine als auch in die andere Richtung kippen. Wer weniger süß ist, greift gern zu Fettigem. Wer Fett vermeidet, liebt es süß. Die jahrzehntelange Verteufelung des Fetts mit dem Gedanken, erhöhte Blutfettwerte und ein erhöhter Cholesterinspiegel machten dick und das Herz krank, hat die Zuckerlawine womöglich kräftig angeschoben.

Nur manche Fette beispielsweise lassen die LDL-Werte (das „böse" Cholesterin) im Blut ansteigen. „Wer Fette und die Lebensmittel, die sie enthalten, meidet, ersetzt eine harmlose Nahrungsquelle, die der Mensch seit Jahrtausenden verzehrt, zu Gunsten eines neuen Lebensmittels – fett-freie, chemisch stark prozessierte, zugesetzte Zucker ersetzen vielfach die Fette – und das ist kein Gewinn für die Herzgesundheit", schreibt Ernährungsforscher James DiNicolantonio. Zucker und Fett sind Nährstoffe mit hoher Energiedichte, und wer davon übermäßig isst, legt an Gewicht zu. „Das komplette Ernährungsmuster ist wichtig: Was esse ich insgesamt. Und alles, was sich zu viel esse, kann dick machen", bestätigt auch Ina Bergheim vom Department für Ernährungswissenschaften an der Universität Wien.

Welche künstlichen Alternativen zu Zucker gibt es – und wie wirken sich diese auf die Gesundheit aus?

Künstliche Süßstoffe sind synthetisch hergestellte Substanzen unterschiedlicher chemischer Struktur, die süß -und meist noch viel süßer als Zucker – schmecken, weil sie an die entsprechenden Sinnesrezeptoren auf der Zunge binden. In der Europäischen Union sind beispielsweise zugelassen: Acesulfam-K, Cyclamat, Saccharin, Aspartam, Sucralose und Neotam. Am längsten im Geschäft ist das Saccharin, das etwa 400-mal süßer als Haushaltszucker (Saccharose) ausfällt und wie die ebenfalls häufig verwendeten Süßstoffe Cyclamat und Aspartam in Diätlimos und Kaugummi allgegenwärtig scheint.

Für jeden Süßstoff wurde bei der Zulassung eine akzeptable tägliche Aufnahme-menge (ADI) festgesetzt. Die Werte sind in Milligramm je Kilogramm Körpergewicht angegeben und gründen sich auf Experimente an Tieren. „Die Dosis, bis zu der keine unerwünschten Wirkungen auftraten, wird durch einen Sicherheitsfaktor (in der Regel 100) geteilt", schreibt die DGE. Der ADI-Wert sei die Menge, die täglich lebenslang aufgenommen werden könne, ohne dass unerwünschte Wirkungen zu erwarten seien, heißt es weiter. Um den Wert für Aspartam zu überschreiten, müsste ein 70 kg schwerer Erwachsener gute 26 Liter Cola-light pro Tag trinken. Bei anderen Süßstoffen mit niedrigeren ADI-Werten und anderer Süßkraft können Kinder wegen ihres niedrigen Gewichtes die empfohlenen Höchstmengen dagegen schon erreichen.

Doch sind Süßstoffe nun gut oder schlecht für den Körper? Süßstoffe standen und stehen immer wieder in den Schlagzeilen und werden in einen Zusammenhang mit diversen Krankheitsbildern gebracht. Es gibt aber keine eindeutigen, qualitativ guten Studien, die diesen Verdacht wie etwa eine Krebs erregende Wirkung der Substanzen bestätigen. „Die Forschung kann bisher keine klare Antwort darauf geben, ob künstliche Süßstoffe besser oder schlechter als natürlicher Zucker zu bewerten sind", beschreiben die Wissenschaftler auf der Seite „sugar science –the unsweetened truth" die Sachlage.

Aber es gäbe immer mehr Hinweise, die bedenklich stimmten, so „sugar science". Es könnte sein, dass die Süßstoffe ihren eigentlichen Sinn verfehlen, nämlich durch Kalorienreduktion eine Gewichtsabnahme oder zumindest keine Zunahme herbeizuführen. Können Süßstoffe also dick machen, obwohl sie keine Kalorien haben? „Es gibt keine zwingenden Beweise, dass Süßstoffe vor Fettleibigkeit schützten. Unsere Ergebnisse deuten eher auf das Gegenteil hin", warnt Kristina Rother vom US-amerikanischen National Institute of Diabetes and Digestive and Kidney Diseases. Im Laborexperiment wandelten sich Vorläuferzellen zum Beispiel unter dem Einfluss von Saccharin oder Sucralose in Fettzellen um und bewirkten in diesen, dass weniger Fett abgebaut und stattdessen angesammelt wurde.

Viele Süßstoffe haben zudem einen bakteriostatischen Effekt. Sind diese süßen Leckereien oder gar der Zahnpasta beigemengt, freut sich der Zahnarzt. Das Mikrobiom im Darm freut sich dagegen nicht. Das fein ausbalancierte Miteinander unserer bakteriellen Mitbewohner können Süßstoffe offenbar negativ beeinflussen. Verschiebungen bei der Artenzusammensetzung und der Quantität bestimmter Mikroben gelten als eine mögliche Ursache für starkes Übergewicht, weil sie beispielsweise die Nährstoffaufnahme vergrößern oder das Sättigungsgefühl beeinträchtigen. Es gibt epidemiologische Studien, die einen Zusammenhang zwischen dem Süßstoffkonsum und einer Gewichtszunahme zeigten. „Ob diese Veränderungen im Mikrobiom das Körpergewicht tatsächlich steigen lassen, ist jedoch noch ungeklärt", sagt Rother.

Ist Fruktose gesünder?

Die Fruktose, die natürlicherweise in Obst und Gemüse vorkommt, ist kein Problem: Im Obst ist der Zucker in eine gesundheitsförderliche Mischung aus Ballaststoffen, Wasser, Vitaminen und anderen nützlichen Nährelementen eingebunden. Ganz anders sieht die Sache dagegen Softdrinks aus, denen hochkonzentrierte Zucker wie etwa Maissirup (High fructose corn syrup) beigemengt sind und der neben Glukose viel Fruktose enthält.

Das belegt eine Studie von Kimber Stanhopes Team: Zehn Wochen lang deckten übergewichtige Teilnehmer ein Viertel ihres Energiebedarfes entweder mit Getränken, die mit Fruktose oder Glukose gesüßten waren. Die Männer und Frauen in beiden Gruppen legten an Gewicht und Fett zu: im Durchschnitt 1,4 kg Gewicht beziehungsweise 0,8 kg Fett. Das Fett bei den Glukosetrinkern lagerte sich jedoch unter der Haut ab, während die Fruktosegruppe ihren Energieüberschuss als Bauchfett anlegte – welches ein starker Risikofaktor für Erkrankungen der Gefäße und des Herzens ist. Und nur im Blut dieser Probanden fanden sich erhöhte Fettwerte; LDL und Triglyceride stiegen bis zum Ende der zehnwöchigen Versuchsphase an.

Obwohl Glukose und Fruktose gleich viel Energie enthalten, werden sie unterschiedlich vom Körper umgesetzt. Fruktose wird von der Leber unreguliert aufgenommen und dort schnell zu Fett umgesetzt. Ist der Körper ausreichend mit Energie versorgt, kann auch Glukose in der Leber zur Fettsynthese verwendet werden. Hauptsächlich jedoch wird sie über stark regulierte Stoffwechselwege zur Energieversorgung der Zellen genutzt. »In Experimenten an Mäusen kann man deutlich sehen, dass Fruktose bei einer geringeren Verzehrmenge zu einer deutlich stärkeren Verfettung der Leber führt, als das bei Glukose (Traubenzucker) oder Saccharose (Haushaltszucker) der Fall ist", sagt Ina Bergheim von der Universität Wien.

Die Forscherin beschreibt einen weiteren Effekt der Fruktose: „In Tierexperimenten schwächt Fruktose die Barrierefunktion des Darmes, Endotoxine von Bakterien können daher über die Pfortader in die Leber gelangen, was dort eine Entzündungsreaktion auslöst. Immunzellen wandern ein, was die Verfettung der Leber weiter vorantreibt." In Zusammenarbeit mit der Universität Mainz macht Bergheims Gruppe gerade eine Interventionsstudie. Die Teilnehmer haben sich bereit erklärt, statt ihrer üblich konsumierten Fruktosemenge, nur noch die Hälfte zu sich zunehmen. „Schon nach kurzer Zeit sahen wir einen Effekt: Die Entzündungswerte gehen herunter, der Zustand der Leber verbessert sich", sagt Bergheim.

Wie viel Zucker sollte man maximal zu sich nehmen?

Die Weltgesundheitsorganisation WHO hat die Konsumempfehlungen deutlich verschärft. In einer aktualisierten Richtlinie vom Frühling 2015 empfiehlt sie, die Aufnahme von freiem Zucker (also nicht jenem, der natürlicherweise in Obst, Gemüse oder Milch enthalten ist) auf 5 % des Gesamtenergiebedarfs am Tag einzuschränken. Bei einer erwachsenen Frau mit einem Energiebedarf von 2000 Kalorien ist dies bereits locker mit sechs Teelöffeln Zucker oder etwas über einem Viertel Liter Cola oder Fanta erreicht.

Wenn man sich bewusst macht, dass beispielsweise in den USA 75 % aller verpackten Lebensmittel und Getränke zugesetzte Zucker enthalten, kommt man an die WHO-Empfehlung – wenn überhaupt – nur mit hohem Aufwand heran. „Für Kinder und Erwachsene macht es wohl eher Sinn, bei der ursprünglich von der WHO empfohlenen Menge von einem Zehntel der Gesamtenergieaufnahme aus Zucker zu bleiben", rät Ina Bergheim deshalb. „Wir können viel empfehlen, aber es muss auch umsetzbar sein."

Die Probleme, die in Deutschland durch ein Zuviel an Zucker, Salz und gesättigtem Fett zusammenkommen, sind alles andere als banal. Toni Meier und seine Kollegen von der Martin-Luther-Universität in Halle-Wittenberg errechneten für das Jahr 2008 Gesundheitskosten von 16,8 Mrd. Euro durch falsche Ernährung: Den höchsten Anteil trug der Zucker mit 8,6 Mrd. Euro.

Die DGE hält Grenzwerte für Zucker zwar für wünschenswert, aber klare Dosis-Wirkungs-Beziehungen seien nur schwer abzuleiten. „Die DGE hat die Empfehlung der WHO bisher nicht als Zahl übernommen. Sie empfiehlt nur, den Kohlenhydratanteil der Nahrung überwiegend aus komplexen Kohlenhydraten zu decken", sagt Lutz Graeve. Vollkorn heißt hier also die Devise. Vollkorn kommt auch bei Frau Bergheim zu Haus auf den Tisch – aber auch die Süßigkeit. Die Vermeidungsstrategie der zweifachen Mutter: „Ich greife zu den kleinsten Verpackungsgrößen. Ökologisch vielleicht nicht ganz lupenrein, aber auf jeden Fall steckt in der kleinen Menge auch weniger Zucker drin."

Aus: Spektrum der Wissenschaft Die Woche Nr. 49, 2016.

Dr. Ulrike Gebhardt ist promovierte Biologin und Wissen-schaftsjournalistin. Sie arbeitet u.a. für das Autorenteam „Riffreporter". Publiziert in spektrum.de, Neue Züricher Zeitung sowie medscape.com.

Fett und Cholesterin: Die Vollmilch macht's

Kathrin Burger

Viel fettarme Milch, keine gesättigten Fettsäuren und wenig Cholesterin? Das galt jahrelang als Empfehlung. Doch nun kommt Bewegung in die Sache.

Das Frühstücksei ist gerettet! Denn in der neuesten Fassung der US-Ernährungsleitlinien wurde die Obergrenze für Nahrungscholesterin aufgehoben. Ob ein Nahrungsmittel wenig Cholesterin enthält oder besonders viel – Stichwort: Eierfrühstück –, habe auf die Cholesterinmoleküle im Blut kaum einen Einfluss, urteilten die US-Experten. Darum flog die altgediente Empfehlung jetzt aus den Leitlinien. Dasselbe gilt für den Grenzwert für Fett im Allgemeinen. Auch er wurde abgeschafft. Bis vor Kurzem lag er bei maximal 30 % der täglichen

K. Burger (✉)
München, Deutschland

© Springer-Verlag GmbH Deutschland, ein Teil von Springer Nature 2020
K. Burger (Hrsg.), *Super-Food für Wissenshungrige!*,
https://doi.org/10.1007/978-3-662-61464-8_8

87

Kalorienzufuhr. Nun darf es auch ruhig ein bisschen mehr sein. Allerdings nur von bestimmten Fetten: Fisch- und Pflanzenfette gelten als gesund; gesättigte Fette hingegen, wie sie vor allem in Milchfett und Speck oder Schmalz vorkommen, werden von der neuen Leitlinie keineswegs rehabilitiert. Sie sollten nach wie vor maximal 10 % der Energiezufuhr ausmachen. In diesem Punkt decken sich die US-Empfehlungen mit denen der Deutschen Gesellschaft für Ernährung (DGE). „Auch wir sagen, dass es vor allem auf die Fettqualität ankommt. Gesättigte Fette sollten durch mehrfach ungesättigte ausgetauscht werden", erklärt DGE-Referentin Silke Restemeyer. Das geht, indem man etwa anstatt Schweinebraten ein Lachsfilet isst oder Nüsse als Snack knabbert und dafür die Schokolade links liegen lässt. Anders als die Verfasser der US-Ernährungsempfehlung halten die deutschen Experten außerdem an der Beschränkung der Cholesterinaufnahme fest. Denn dessen Wirkung auf das Cholesterin im Blut sei zwar gering, aber nicht vernachlässigbar. Gleiches gilt für die 30-%-Fett-Obergrenze. DGE-Referentin Restemeyer erklärt: „Eine Ernährung mit hohem Fettgehalt, die die gesamte Kalorienzufuhr nicht beachtet, begünstigt eine überhöhte Energieaufnahme." Schließlich liefert ein Gramm Fett neun Kilokalorien, dieselbe Menge Eiweiß oder Kohlenhydrate nur vier.

Ratschläge im Widerspruch zur Studienlage

In der Praxis kann es jedoch oft anders aussehen. So sprechen einige Studien dafür, dass Fett als Geschmacksträger besser sättigt und Menschen bei fettreichen Diäten weniger essen. Neuere epidemiologische Studien konnten ebenfalls keinen Zusammenhang zwischen einer fettarmen

Ernährungsweise und der Verhinderung von Übergewicht oder anderen Leiden wie Herzkrankheiten, Schlaganfall, Diabetes oder Krebs belegen. Besieht man sich die Datenlage zu den verpönten gesättigten Fettsäuren, entsprechen zudem weder die US- noch die DGE-Richtlinien dem aktuellen Wissensstand. So fand etwa Russell de Souza, Epidemiologe an der kanadischen McMaster University, im August 2015 heraus: Die Menge an gesättigten Fetten in der Nahrung erhöht bei Gesunden weder das Risiko für Herzkrankheiten oder Typ-2-Diabetes noch für die Gesamtsterblichkeit. „Zahlreiche Studien belegen, dass es keinen Vorteil bringt, wenn man gesättigte Fette meidet", sagt Arne Astrup, Wissenschaftler an der Universität Kopenhagen. Immerhin hat die DGE ihre Empfehlung für Milch und Milchprodukte im Jahr 2017 geändert. Laut Bernhard Watzl, Präsidiumsmitglied der DGE und Ernährungswissenschaftler am Max Rubner-Institut sollten Normalgewichtige seiner Meinung nach lieber zu Vollmilch greifen (s. Abb. 1). Früher wurde wird allen Bürgern, schon den Kleinsten, empfohlen, Milch nur in der Variante mit 1,5 % Fett zu konsumieren. Die Argumentation: Milchfett besteht bis zu 70 % aus gesättigten Fettsäuren, und die würden das LDL-Cholesterin und Triglyzeride im Blut erhöhen. Und das gilt als riskant für die Herzgesundheit.

Fettarme Milch erweist sich als kontraproduktiv

„Doch diese Schlussfolgerung hat sich als zu voreilig erwiesen", meint Astrup. Ein entsprechender Zusammenhang fand sich nicht in allen Studien. Gleichzeitig gibt es Hinweise, dass Vollmilchfans sogar seltener an Herzkrankheiten leiden. Das liegt einmal daran, dass Milchfett auch das „gute", das HDL-Cholesterin im Blut ansteigen

Abb. 1 Vollmilch ist gesünder als lange gedacht. (© Lennartz/ Fotolia)

lässt. Zudem weiß man, dass Milchkonsum nicht den Anteil der kleinen LDL-Partikel vom Typus „small dense" erhöht, welche wesentlich aggressiver sind als die größeren, fluffigen LDL-Moleküle. Sie werden leichter oxidiert und hängen sich eher an die Arterienwand an.

„Wahrscheinlich ist aber auch die Fettzusammensetzung der Milch von Bedeutung", sagt Ronald Krauss, Wissenschaftler an der University of California in Berkeley. Vor allem kurz- und mittelkettige Fettsäuren wie die Butteroder Palmitinsäure schwimmen in der Milch. Es gibt Hinweise, dass etwa ein Abkömmling der Palmitinsäure einen günstigen Einfluss auf den Fett- und Zuckerstoffwechsel hat. Rund 400 Fettsäuren tummeln sich in der Milch, das Muster kann sich je nach Produkt erheblich unterscheiden. So fand man etwa in klinischen Studien, dass Biomilchkonsum das Gesamtcholesterin im Blut sogar absenkt.

🔥 **Der Rat zu fettarmen Milchprodukten könnte die Übergewichts- und Diabetesepidemie angeheizt haben.**

Schließlich dürfen Kühe vor allem im Biolandbau ausgiebig grasen, weshalb in ihrem Pansen mehr Omega-3-Fettsäuren entstehen sowie mehr konjugierte Linolsäuren (CLA). In Biomilch fand Ton Baars, Agrarwissenschaftler am Forschungsinstitut für biologischen Landbau (FibL), ein Drittel bis doppelt so viel Linolensäure, eine Omega-3-Fettsäure, wie in konventionell erzeugter Milch. Linolensäure senkt bewiesenermaßen den LDL- und Gesamtcholesterinspiegel. Konjugierte Linolsäuren sind dagegen entzündungshemmend und verhindern die Bildung gefährlicher Plaques in den Gefäßen – beides beugt Herzkrankheiten vor. Obendrein bildet die Kuh beim Käuen von Gras mehr Phytansäure in ihrem Pansen. Zumindest in Zellkultur beeinflusste diese Substanz den Fett- und Glukosestoffwechsel günstig.

Buttercreme versus Sahnehäubchen

Dabei scheint es nicht egal, in welcher Form Milch auf den Tisch kommt. Milchfett liegt nämlich als Fetttröpfchen vor, dieses wird von einer Membran, bestehend aus Phospholipiden sowie Peptiden, zusammen- und so

in Lösung gehalten. Butter liefert etwa nur halb so viele
Membranteilchen wie Sahne. Denn: Beim Buttern werden
die Hüllen mechanisch zerstört und größtenteils mit der
Buttermilch abgetrennt. Nur die Fettsäuren verbleiben
in der Butter. So fand ein Team um Fredrik Rosqvist von
der Universität Uppsala im Jahr 2015, dass allein Butter-
fett die Cholesterinwerte im Blut von Probanden erhöhte,
nicht aber die Sahnehaube auf dem Kuchen.

„Vermutlich konterkarieren die Membranmoleküle die
Wirkung der gesättigten Fettsäuren auf den Cholesterinspiegel im Blut", meint Rosqvist. Tierstudien legen nahe,
dass Phospholipide aus der Milch Gene in der Leber
aktivieren, die das LDL absenken. Auch Käse hat wohl
weniger Einfluss auf den Cholesterinspiegel als Butter.
Obendrein beeinflusst die Fermentation durch Bakterien
etwa in Jogurt, mild gesäuerter Butter, Kefir, Buttermilch
oder Käse das chemische Gemisch erheblich. „Welche
Milchprodukte besonders gesund sind, ist aber noch nicht
ausreichend genug erforscht, um schon Empfehlungen zu
geben", sagt Krauss. Sicher ist, dass Eiscreme und Pizza-
käse nicht dazu gehören. Allerdings essen US-Amerikaner
Milch und Milchprodukte vor allem in dieser Form,
während Europäer aus einer ganzen Palette verschiedener
Produkte wählen. Auch dies könnte die widersprüchliche
Studienlage zu Milchfett und dessen Einfluss auf Krankheiten erklären. So waren in einigen US-Studien, die
negative Effekte für Milch offenbarten, Probanden mit
hohem Milchfettkonsum eher Raucher und Bewegungs-
muffel.

Dagegen gehen beispielsweise in der europäischen
EPIC-Studie mit 35 000 Teilnehmern die Fettmarker für
Milch im Blut mit einem geringeren Risiko für Diabetes
einher sowie mit einer höheren Glukosetoleranz und
weniger Leberfett. Zudem belegen die meisten Studien,
dass der Konsum fettarmer Milch zu einer Gewichts-

zunahme bei Kindern, Jugendlichen und Erwachsenen führt, während Vollmilch keine Folgen für die schlanke Linie hat. Vollmilch senkt zudem das Risiko, am metabolischen Syndrom zu erkranken.

Der Rat, fettarme Milchprodukte zu essen, könnte also sogar die Übergewichts- und Diabetesepidemie der letzten Jahre angeheizt haben. „Vermutlich kompensieren Menschen die niedrigere Kalorienzufuhr durch mehr Essen, oder sie essen dafür zuckerhaltige Snacks", schrieb David Ludwig, Ernährungswissenschaftler an der Harvard University, bereits vor einigen Jahren in einem Kommentar in der Fachzeitschrift „JAMA Pediatrics". Er spricht sich ebenso wie Ton Baars eindeutig für den Konsum von Vollmilch aus.

Industrielle Trans-Fettsäuren bleiben gefährlich

Im Kuhpansen entstehen zudem rund 4 % Trans-Fettsäuren wie die Vaccensäure, die ebenso in die Milch gelangt. Auch diese scheinen gesund zu sein, weil sie im Körper in konjugierte Linolsäuren umgewandelt werden. Verwechseln darf man diese nicht mit den als eindeutig gesundheitsschädlich geltenden industriellen Trans-Fettsäuren, wie sie in Pommes, Croissants, Erdnussflips oder Krapfen stecken. Sowohl die US-Leitlinie als auch die DGE-Empfehlungen raten, diese Fette möglichst zu meiden. Ein Grenzwert von einem Prozent der täglich aufgenommenen Kalorien sollte nicht überschritten werden. Laut der Fettleitlinie der DGE erhöhen industrielle Transfette nachweislich die Cholesterin- und Blutfettwerte und das Risiko, sich eine Herzkrankheit zuzuziehen. Kürzlich berechneten Forscher, dass ein Verbot von industriellen Trans-Fettsäuren allein in England 7000 Menschen vor einer Herzkrankheit bewahren und rund 3000 das Leben retten würde.

Dass ein Verbot dieser Fettsäuren hilft, hat Dänemark gezeigt. Starben im Jahr 2003 noch 360 pro 100 000 Dänen an Herzkrankheiten, so waren es 2012, neun Jahre nach dem Verbot, nur noch 211. Neuere Studien liefern auch Hinweise, dass die Fettsäuren möglicherweise Aggressivität verstärken und das Gedächtnis schwächen. Wegen der Datenlage forderte die EU-Kommission kürzlich einen Grenzwert für diese Fette in Industrieprodukten. Vor allem in Ländern wie Polen oder Schweden sind Transfette ein Problem. Das Bundesinstitut für Risikobewertung (BfR) gibt indes für Deutschland Entwarnung, da die derzeitige Trans-Fettsäureaufnahme hier zu Lande gesundheitlich unbedenklich sei.

Denn große Lebensmittelhersteller wie Nestlé und Unilever haben schon lange auf die Hinweise aus der Forschung reagiert. In Margarine stecken heute darum kaum noch Transfette, weil Öle in schonenderen Verfahren verändert werden. Früher waren 25 % Trans-Fettsäuren normal, heute sind es weniger als 2 %, wie Tests belegen. Und auch in Aufstrichen wie Nugatcremes oder Erdnussbutter wurden so genannte „teilweise gehärtete Öle" vielfach durch Palmöl ersetzt. Das ist vom gesundheitlichen Standpunkt aus weniger bedenklich – umso mehr allerdings vom ökologischen.

Aus: Spektrum der Wissenschaft Die Woche Nr. 12, 2016.

Literatur

Allen K et al (2015) Potential of trans fats policies to reduce socioeconomic inequalities in mortality from coronary heart disease in England: cost effectiveness modelling study. BMJ 351:h4583

Kratz M et al (2013) The relationship between high-fat dairy consumption and obesity, cardiovascular, and metabolic disease. Eur J Nutr 52(1):1–24

Praagman J et al (2016) The association between dietary saturated fatty acids and ischemic heart disease depends on the type and source of fatty acid in the European Prospective Investigation into Cancer and Nutrition–Netherlands cohort. AJCN 103(2):356–65

Restrepo B et al (2016) Denmark's Policy on Artificial Trans Fat and Cardiovascular Disease. Am J Prev Med 50(1):69–76

Rosqvist F et al (2015) Potential role of milk fat globule membrane in modulating plasma lipoproteins, gene expression, and cholesterol metabolism in humans: a randomized study. Am J Clin Nutr 102(1):20–30

de Souza R et al (2015) Intake of saturated and trans unsaturated fatty acids and risk of all cause mortality, cardiovascular disease, and type 2 diabetes: systematic review and meta-analysis of observational studies. BMJ 11;351:h3978

Kathrin Burger lebt und arbeitet als Freie Wissenschafts-journalistin in München. Sie hat Ökotrophologie studiert und einige Bücher zum Thema Ernährung publiziert.

Convenience Food: Wie ungesund sind industrielle Lebensmittel wirklich?

Kathrin Burger

Wer wenig Selbstgekochtes, dafür viel Industrienahrung isst, erhöht sein Risiko, dick und krank zu werden. Dennoch haben hoch verarbeitete Lebensmittel auch Vorteile: Sie schaffen vor allem Frauen Freiheiten.

Zwar kursieren derzeit alle möglichen mehr oder weniger gesunden Ernährungsformen. Doch egal ob Low-Carb, Steinzeitkost oder Clean Eating, auf einen Feind haben sich alle eingeschossen: hoch verarbeitete Lebensmittel. Die solle man am besten ganz meiden, oder zumindest nur sehr selten essen. Sogar die Deutsche Gesellschaft für Ernährung (DGE) empfiehlt, dass man seiner Gesundheit wegen möglichst frische Lebensmittel auswählen und

K. Burger (✉)
München, Deutschland

© Springer-Verlag GmbH Deutschland, ein Teil von Springer Nature 2020
K. Burger (Hrsg.), *Super-Food für Wissenshungrige!*,
https://doi.org/10.1007/978-3-662-61464-8_9

Fertigprodukte nur gelegentlich konsumieren sollte. Aber sind die so genannten Convenience-Produkte, die uns den Alltag erleichtern, eigentlich tatsächlich so ungesund? Um sich dem Thema wissenschaftlich zu nähern, hat Carlos Monteiro, Gesundheitswissenschaftler an der Universität von Sao Paulo im Jahr 2010 eine Definition geliefert. Die so genannte „NOVA food classification" teilt Lebensmittel in vier Gruppen ein.

Erst kürzlich hat Monteiro eine nachgebesserte Version vorgelegt: In der ersten Gruppe versammeln sich die unverarbeiteten oder wenig verarbeiteten Produkte wie frisches Obst und Gemüse sowie Fleisch, Fisch, Eier oder Milch. Selbst Trockenobst und gefrorenes Gemüse oder Fisch gelten als wenig verarbeitet. In der Gruppe 2 finden sich dann Öl, Mehl, Salz und Zucker. Gruppe 3 umfasst die verarbeiteten Produkte Käse, Brot, Schinken, Nudeln, aber auch Dosentomaten oder geräucherter Fisch. Diese Produkte sind meist verzehrfertig, enthalten aber nur zwei oder drei Zutaten. In Gruppe 4 finden sich nun die verpönten „ultraverarbeiteten" Lebensmittel. Sie haben mehrere Verarbeitungsschritte durchlaufen, liefern eine ganze Reihe an Zutaten und Zusatzstoffen, die nicht ohne Weiteres als Lebensmittel zu erkennen sind. In diese Kategorie fallen Softdrinks, Süßigkeiten, Fleischprodukte, Backwaren, Eiscreme und Fertiggerichte wie Tiefkühlpizza oder Trockensuppen.

Claudia Niggemeier und Almut Schmid, Ernährungswissenschaftlerinnen der Universität Paderborn, haben die NOVA-Liste an deutsche Gepflogenheiten angepasst und die hier zu Lande verzehrten Lebensmittel in drei Gruppen zusammengefasst: frische, verarbeitete und hoch verarbeitete Lebensmittel. Mit diesem Instrument in der Hand haben die Forscherinnen im Jahr 2015 untersucht, wie sich der Konsum von hoch verarbeiteten Lebensmitteln auf die Gesundheit von Kindern und Erwachsenen auswirkt.

Je mehr Fertigprodukte, desto mehr Übergewicht

Das Ergebnis ist eindeutig: Je mehr Fertigprodukte auf dem Speiseplan stehen, desto übergewichtiger sind die Personen. Das erklären sich die Forscherinnen damit, dass Lebensmittel wie Pommes, Tiefkühlpizza oder Schokolade eine vergleichsweise hohe Energiedichte haben, also viele Kalorien liefern. Und diese Kalorien stammen vor allem aus Zucker, Weißmehl und Fett, überwiegend aus gesättigtem Fett und teilweise aus Trans-Fettsäuren. Dafür liefern diese Produkte weniger Eiweiß oder Ballaststoffe. Beide Lebensmittelinhaltsstoffe sättigen jedoch, was Übergewicht verhindert.

Auch waren Menschen, die viele hoch verarbeitete Produkte essen, schlechter mit Kalzium und Folat, einem wichtigen B-Vitamin, versorgt. Dafür nahmen sie mehr Kochsalz auf. Bei Kindern führte eine derartige Kost zu einer um 17 % höheren Aufnahme an Natrium als bei Frischkost. Salz gilt als Verursacher von Bluthochdruck, und als Appetitanreger. Natürlich kann ein Fertiggericht auch eine gute Qualität haben. Dennoch ist die Gesamtheit dessen, was in der Industrieküche bereitet wird, offenbar als eher ungünstig zu bewerten. Eine solche Melange aus schlechtem Fett, Zucker und Salz halten mittlerweile viele Wissenschaftler unabhängig vom hohen Energiegehalt der Nahrung für die Ursache der Übergewichtsepidemie. Denn diese Stoffe triggern Belohnungssysteme in unserem Gehirn, während sie Sattmechanismen behindern, das haben unzählige Studien mit Tieren und Menschen gezeigt. David Kessler, Mediziner und ehemals Leiter der US-amerikanischen Gesundheitsbehörde FDA, schreibt in seinem Buch „Das Ende des großen Fressens": „Hoch verarbeitete Lebensmittel verändern die

Verbindungen zwischen den neuronalen Schaltkreisen im Gehirn und auch deren Reaktionsmuster mit der Folge, dass wir immer mehr davon wollen." Die leichte Verfügbarkeit solcher Produkte, an jeder Tankstelle, jedem Kiosk oder Bäcker, verschärft das Problem noch.

Zusammenspiel der Inhaltsstoffe macht den Unterschied

Die Industrie wird jedoch nicht müde zu behaupten, dass die von ihnen verwendete Zutaten ebenso in natürlichen Lebensmitteln vorkommen und darum keine Gefahr drohe. „Allerdings wird immer klarer, dass die so genannte Matrix eines Lebensmittels für seine Verdaulichkeit und seine Wirkung im Körper mitverantwortlich ist", so Monteiro. Unter „Matrix" versteht man das Zusammenspiel verschiedener Inhaltsstoffe, die sich chemisch, und physikalisch gegenseitig beeinflussen. Ein Beispiel: In einem Apfel steckt einiges an Fruchtzucker (Fruktose), der in großen Mengen als leberschädigend in Verruf geraten ist. Ballaststoffe wie Pektine, die in den Zellwänden stecken, verhindern jedoch, dass der Zucker allzu schnell vom Darm ins Blut gelangt. Der Blutzuckerspiegel und die daran beteiligten Hormone werden also weniger strapaziert, als wenn man die gleiche Menge Fruktose in Form von Apfelsaft konsumiert, worin der Zucker bereits gelöst und ohne das Pektin vorkommt. Andererseits gelten gesättigte Fettsäuren als herzschädigend, in Milch könnten sie allerdings könnten diese jedoch sogar gesund sein. Zudem liefern hoch verarbeitete Lebensmittel eben nicht die gleichen Inhaltsstoffe wie frische Lebensmittel. „Ihnen fehlt es ebenfalls an sekundären Pflanzenstoffen, denen zahlreiche positive Gesundheitswirkungen nachgesagt werden", sagt Monteiro.

Das könnte erklären, warum Industriekost nicht nur dick macht, sondern noch andere gesundheitsschädliche Wirkungen hat. So zeigt eine aktuelle Studie der Universidad Navarra mit fast 15 000 gesunden Teilnehmern: Nach neun Jahren hatten Menschen, die der „Cafeteria-Diät" frönten, ein höheres Risiko, an Bluthochdruck zu erkranken, als Frischkostfans. Zudem gerät der Zuckerstoffwechsel mit viel Industriekost auf Dauer durcheinander, was die Entstehung eines Diabetes begünstigt.

Entfremdung von frischen Lebensmitteln

Letztlich werden auch die vielen Zusatzstoffe kritisch gesehen. Zwar muss ihre Verwendung gesundheitlich unbedenklich sein. Allerdings: Kinder, die große Mengen an Süßigkeiten, aromatisierten Getränken oder Frühstückszerealien konsumieren, überschreiten schon mal die Grenzwerte einiger Farbstoffe. „Darüber hinaus findet insbesondere durch den Einsatz von Konservierungsmitteln, Farbstoffen und Geschmacksverstärkern eine immer stärkere Entfernung vom frischen, unverarbeiteten Produkt statt", sagt Niggemeier. Wer häufig solche Produkte isst, trimmt seinen Geschmack also auf starke Reize, was führt dazu, dass ihm frische Nahrung auch nicht mehr so gut schmeckt.

Obendrein liefern die Fertigprodukte keine Vielfalt, und das ist das oberste Gebot gesunder Ernährung. Zwar wird durch die vielen bunten Verpackungen Variantenreichtum suggeriert, doch im Großteil der

Supermarktprodukte stecken billige Rohstoffe wie Weizen, Milch, Zucker oder Palmöl. Laut einem Gutachten des österreichischen Gesundheitsministeriums aus dem Jahr 2015 sind rund 30 % der Supermarktprodukte Weizenfraktionen enthalten. So kommen Teilstoffe wie etwa Gluten in Industriebrot in höheren Mengen vor als im Sauerteigbrot vom Bäcker nebenan – das kann der Verdauungsmaschinerie, die auf Komplexität geeicht ist, Probleme bereiten.

Berufstätige Frauen kochen weniger und leben ungesünder

Klar ist also: Hoch verarbeitete Lebensmittel sollten nicht zu oft verwendet werden. Der tatsächliche Konsum geht jedoch weltweit weg vom frischen, selbst zubereiteten Mahl hin zu Fertigprodukt und Fast Food. Laut Bundesministerium für Ernährung und Landwirtschaft war im Jahr 2016 für 55 % der Deutschen die einfache und schnelle Zubereitung ein wichtiges Kriterium beim Lebensmitteleinkauf, 2015 waren es lediglich 45 %. Damals kochten auch 37 % zwei- bis dreimal pro Woche, während es 2016 nur noch 33 % waren. Rund 11 % der Deutschen greifen nie zum Kochlöffel, und Frauen kochen insgesamt häufiger, mit Berufstätigkeit jedoch seltener. Selbstverständlich kann auch ein selbst zubereitetes Essen miserable Qualität haben. Dennoch steigt durch die Kochlust die Wahrscheinlichkeit, sich insgesamt gesund zu ernähren. So essen Frauen, die fast täglich kochen, mehr als doppelt so viel Gemüse wie die Kochmuffel. Sie konsumieren dafür zehnmal weniger Snacks und nur knapp 60 % der Menge an gesüßten Getränken im Vergleich zu Frauen, die nie kochen.

⬆   „Ein entspannter Umgang mit industriellen Lebensmitteln stellt keineswegs den Untergang der Ernährungskultur in Deutschland dar" – Daniel Kofahl.

Allerdings warnen Soziologen, man dürfe die Industrieprodukte nicht verteufeln. „Ein entspannter Umgang mit industriellen Lebensmitteln stellt keineswegs den Untergang der Ernährungskultur in Deutschland dar", meint Daniel Kofahl, Ernährungssoziologe am Büro für Agrarpolitik und Ernährungskultur. „Gerade für Frauen und Mütter bedeutet dies sogar eine ungemeine Entlastung in einer hektischen Zeit, in der sie das kulinarische Anspruchsdenken in Deutschland lange Zeit unnötig unter Druck gesetzt hat." Mütter, die nicht jeden Tag am Herd stehen, haben mehr Zeit für die Kinder, für Sport oder um ein gutes Buch zu lesen. „Bei der Nahrungsmittelwahl ist Gesundheit nicht per se und allzeit das höher zu wertende Gut", meint auch Petra Kolip, Gesundheitswissenschaftlerin an der Universität Bielefeld. Zudem versuchen einige Unternehmen nun, ihre Rezepte zu verbessern, „Reformulierung" heißt das Zauberwort. Die ist bislang jedoch freiwillig, und die Verbraucher ziehen nicht so recht mit, schließlich gehen reformulierte Produkte oft mit Kosten und einem höheren Preis einher. Unklar ist zudem, ob die neuen Rezepte dann so viel besser sind. Zweifel regen sich derzeit etwa bei Süßstoffen wie

Aspartam oder Sucralose, die Lightgetränken zugesetzt werden. Sie konnten in Studien nicht eindeutig beweisen, dass sie das Gewicht senken, dafür verschlechterte sich in einigen Fällen sogar die Herzgesundheit bei hohem Lightgetränkekonsum. In jedem Fall können sich Kochmuffel mit einigen Tricks behelfen: „Wenn man Fertigprodukte mit Gemüse und Obst kombiniert, dann kann dies auch eine ausgewogene Mahlzeit sein", meint Helmut Oberritter, Geschäftsführer der DGE. Ebenso muss Kochen nicht aufwändig sein: „Uns stehen eine Vielzahl guter und frischer Lebensmittel sowie einfache Rezepte zur Verfügung, so dass es auch in kurzer Zeit gelingt, eine gesunde Mahlzeit auf den Tisch zu bringen", so Oberritter.

Aus: Spektrum der Wissenschaft Die Woche Nr. 44, 2017.

Literatur

Azad MB (2017) Nonnutritive sweeteners and cardiometabolic health: a systematic review and meta-analysis of randomized controlled trials and prospective cohort studies. CMAJ 17;189(28):E929-E939

Diouf F et al (2014) German database on the occurrence of food additives: application for intake estimation of five food colours for toddlers and children. Food Addit Contam Part A Chem Anal Control Expo Risk Assess 31(2):197–206

Fardet A, Monteiro, CA et al (2015) Current Food Classifications in Epidemiological Studies Do Not Enable Solid Nutritional Recommendations for Preventing Diet-Related Chronic Diseases: The Impact of Food Processing. Adv Nutr 6:629–38

Fardet A (2016) Minimally processed foods are more satiating and less hyperglycemic than ultra-processed foods: a preliminary study with 98 ready-to-eat foods. Food Funct 18;7(5):2338–2346

Mendonça RD et al (2017) Ultra-Processed Food Consumption and the Incidence of Hypertension in a Mediterranean Cohort: The Seguimiento Universidad de Navarra Project. Am J Hypertens 1;30(4):358–366

Monteiro CA (2010) A new classification of foods based on the extent and purpose of their processing. Cad. Saúde Pública, Rio de Janeiro 26(11):2039–2049

Monteiro CA (2017) „The UN Decade of Nutrition, the NOVA food classification and the trouble with ultra-processing." Public Health Nutr 21:1–13

Müller V, Schmacke N, Kolip P (2016) Das „innere Lachen" oder der sich „rächende Körper" – wer gewinnt bei der Nahrungsmittelwahl? Eine qualitative Studie zur Entscheidungsfindung in Ernährungsfragen. Prävention und Gesundheitsförderung 11(2):126–132

Niggemeier C, Schmid A, Heseker H (2015) Implementation of a methodology to classify foods based on their degree of processing – first results. Ann Nutr Metab 67 (suppl. 1):123

Kathrin Burger lebt und arbeitet als Freie Wissenschaftsjournalistin in München. Sie hat Ökotrophologie studiert und einige Bücher zum Thema Ernährung publiziert.

Was soll ich essen, Siri?

Kathrin Burger

Mit Hilfe von Big Data wollen Forscher ergründen, wie man Diäten maßschneidern kann. Die Technik ist dabei weniger limitierend als die Frage, welche Daten sinnvoll sind – und ob die Empfehlungen wirklich gesund erhalten.

Es war eine beeindruckende und bis dahin ungewöhnliche Studie, die die beiden israelischen Forscher Eran Segal und Eran Elinav im Jahr 2015 veröffentlichten. Sie sammelten eine Woche lang Daten von rund 800 Personen über deren Blutzuckerwerte, Sport- und Schlafgewohnheiten, Größe und Gewicht sowie über die Mikrobengemeinschaft im Darm. Auch mussten die Teilnehmer in Ernährungstagebüchern akribisch notieren, was sie in

K. Burger (✉)
München, Deutschland

© Springer-Verlag GmbH Deutschland, ein Teil von Springer Nature 2020
K. Burger (Hrsg.), *Super-Food für Wissenshungrige!*,
https://doi.org/10.1007/978-3-662-61464-8_10

dieser Zeit aßen. Da die Blutzuckerwerte mittels eines Sensors unter der Haut im Fünf-Minuten-Takt gemessen wurden, hatten die Wissenschaftler des Weizman Institute of Science am Ende allein mehr als 1,5 Mio. Glukosewerte zusammen. Diese wurden nun mit den Ernährungstagebüchern verglichen.

Das erstaunliche Ergebnis: Die Menschen reagierten völlig unterschiedlich auf die Aufnahme von Kohlenhydraten aus Zucker oder aus Weiß- und Sauerteigbrot. Bei einigen schoss der Blutzucker in die Höhe, während bei anderen keine Wirkung zu verzeichnen war. Auch auf die Zufuhr von Fett oder Salz waren die Reaktionen höchst unterschiedlich. Zuckerwerte sind von Bedeutung, da ein starker Anstieg im Blut nach einer Mahlzeit für sich allein ein Risikofaktor für Diabetes, Fettleibigkeit, Herzleiden und andere Stoffwechselstörungen ist.

Und auch das Mikrobiom, also die Myriaden an Bakterien, die friedlich unseren Darm besiedeln, veränderte sich je nach Lebensmittelverzehr. Generell gilt eine möglichst diverse Mikrobengemeinschaft als gesundheitsförderlich. Allerdings waren hier die Unterschiede der Wirkung der einzelnen Speisen auf das Darmmilieu zwischen den jeweiligen Personen ebenfalls frappierend. Ein Algorithmus, der auch die anderen gesammelten Daten verarbeitete, half den israelischen Forschern dabei, maßgeschneiderte Speisepläne für jeden Probanden individuell zu erstellen. In einer kleineren Studie prüften die Forscher dann ihre Ergebnisse, indem sie 100 Probanden Menüs gemäß den speziellen Empfehlungen kredenzten. Die Blutzuckerwerte sanken tatsächlich, und das Mikrobiom diversifizierte sich.

Die israelische Studie hat somit bestätigt, was schon lange vermutet wurde.

„Jeder Mensch reagiert anders auf bestimmte Speisen", sagt Eric Topol, Kardiologe und Direktor des Scripps Research Translational Institute. „Und es ist damit klar, dass man nicht eine einzige Ernährung für alle empfehlen kann."

So tun es aber bislang die Fachgesellschaften. Für jeden heißt es: Obst, Gemüse, Hülsenfrüchte, Vollkorngetreide, Nüsse, Fisch und geringe Mengen an Milch, Eiern und Fleisch gelten als gesund, während zu viel tierische Lebensmittel sowie Weißmehl und Zucker als ungesund angesehen werden. Eine solche Ernährung soll nicht nur alle nötigen Nährstoffe liefern, sondern auch Einfluss auf Krankheiten wie Herzkrankheiten, Schlaganfall, Diabetes und Krebs haben.

Doch es gibt immer mehr Forschungsprojekte ebenso wie Start-ups, die versuchen, mit Hilfe der Auswertung großer Datenmengen mit so genannter künstlicher Intelligenz personalisierte Speisepläne zu entwerfen. Dies ist auch dem technischen Fortschritt zu verdanken: Wearables, also tragbare Computer wie Glukosesensoren, sammeln viele Daten ohne Aufwand, Massenspektrometer scannen in wenigen Stunden tausende Genome oder erkennen andere Substanzen in einer Probe (Abb. 1). Derweil wird an smarten Toiletten gearbeitet, die direkt Daten aus Stuhl oder Urin ans Handy senden, um die Nahrungsauswahl zu erleichtern. Versprochen wird vor allem, dass damit Pfunde purzeln und sportliche Leistungen verbessert werden.

Abb. 1 Was soll ich essen, Siri? (© svetikd/Getty Images/iStock)

Programme finden Muster in Daten

Als Daten kommen nicht nur Glukose und die Zusammensetzung des Mikrobioms in Frage. Auch Genvarianten, Stoffwechselprodukte (Metabolite) oder Parameter wie Puls, Blutdruck und Blutfettwerte können in Programmen zusammengeführt werden, um mögliche Muster oder Gesetzmäßigkeiten zwischen einzelnen Lebensmitteln und der Gesundheit zu erkennen. „Die Programme selbst sind weit entwickelt und basieren größtenteils auf Arbeiten im Deep Learning", sagt Karsten Suhre, Bioinformatiker am Weill Cornell Medical College in Katar. „Die Engstelle sind nicht mehr die Programme, sondern die Daten, die man einspeist." Glukosemessungen hält er für klinisch relevant. Die Aussagekraft von Mikrobentests zweifelt er hingegen an: „Stuhlproben reflektieren bei Weitem nicht alles, was im Darm passiert", sagt Suhre. „Und auch die Varianz des Mikrobioms in Abhängigkeit von der Ernährung ist so groß, dass mit ein oder zwei Stuhlproben sehr wenig ausgesagt werden kann." Hinzu komme, dass viele Methoden nur grobe Aussagen über die vorhandenen Bakterienfamilien machen können. „Dabei kann etwa von zwei E.-coli-Stämmen einer toxisch und der andere nützlich sein", so der Bioinformatiker.

Eric Topol ist hingegen von dem israelischen Studiendesign überzeugt. Er hat sich selbst einer solchen Analyse unterzogen. Die entsprechenden Tests kann heute jeder bei dem Start-up „DayTwo" bestellen. Die Konsumenten können sie direkt über das Internet beziehen. Andere auf dem Markt befindliche Tests ziehen ihre Schlüsse aus den Erbanlagen. So gibt es etwa Gentests wie „DNANudge". Der Kunde schickt per Wattestäbchen eine Speichelprobe und damit Informationen über seine Erbanlagen an das Unternehmen und erhält dafür an sein eigenes Genprofil angepasste Einkaufszettel direkt auf das Smartphone. Jemandem, der beispielsweise hohen Blutdruck hat, werden dann eher salzarme Produkte empfohlen. Derzeit wird das System von Forschern des Imperial College London auf seine Tauglichkeit getestet, Risikofaktoren zu minimieren.

Bei Übergewicht spielt das Erbgut eine Rolle

Basis für die Gentests ist die so genannte Nutrigenomik. Hierbei wird untersucht, wie Ernährung und Gene gemeinsam die Gesundheit beeinflussen. Denn: Zu 99,9 % gleicht sich zwar das Genom zweier Menschen; so genannte „single nucleotide polymorphisms" (SNPs) sorgen jedoch für die oft drastischen Unterschiede bei der Anfälligkeit für Krankheiten wie Übergewicht oder Diabetes. Das FTO- und das MC4R-Gen spielen etwa bei Übergewicht eine Rolle. Zudem wird fieberhaft nach Nährstoffen gesucht, die negative Wirkungen dieser Varianten blockieren. So weiß man etwa aus der Predimed-Studie, dass eine mediterrane Diät den schädlichen Effekt abpuffert, den die Genvariante TCF7L2 auf das Risiko für Herzleiden hat. Das Wissen um einzelne Gene hat jedoch wenig Aussagekraft. So offenbarte eine Übersichtsstudie aus dem Jahr 2015, dass die in marktgängigen Erbgutanalysen verwendeten Gene nicht mit bestimmten Lebensmitteln oder Stoff-wechselerkrankungen im Zusammenhang stehen. Die Gene zeigen zwar einen Einfluss, der ist jedoch häufig sehr marginal. Die Euphorie in Wissenschaftskreisen ist darum abgeebbt.

Erfolgversprechender scheinen hier Ansätze, die Gene und Metabolite gemeinsam studieren, da man dadurch das Risiko, das von der genetischen Signatur ausgeht, besser quantifizieren kann. Metabolite sind Substanzen, die beim Abbau von Nahrung oder auch Medikamenten gebildet werden – etwa Protonen, Säuren, Eiweißstoffe oder verschiedenartigste Zuckermoleküle, auch Glukose gehört dazu. Sie sind also abhängig vom Genom, können jedoch je nach Genaktivität unterschiedliche Muster bilden. Suhre hat 2014 in einer Studie einige Gene herausgefiltert, die einen prägenden Eindruck auf den Zucker- und Fettstoffwechsel haben. „Wir haben jetzt einen Punkt, an dem diese Tests anfangen zu funktionieren", sagt Suhre. Solche verfeinerten Genanalysen werden derzeit etwa vom Kathiresan Lab, einer Ausgründung der Harvard University, entwickelt.

Nestlé sammelt Daten

Richtig viele Daten sammelt zurzeit auch der Lebensmittelmulti Nestlé. In Japan senden 100 000 Nutzer des „Nestlé Wellness Ambassador" laufend Fotos ihres Essens an den Konzern. Spezielle Programme können nun anhand dieser Fotos auf den Nährstoffgehalt der Speisen schließen. Parallel dazu gibt es ein Tool-Kit, das Blut- und DNA-Tests beinhaltet. Per App bekommen dann die User Empfehlungen zu einer gesünderen Ernährung. Zudem werden Kapseln, ähnlich wie Nespresso-Kapseln, mit vitaminisierten Tees an die Kunden verkauft, aber auch Smoothies und andere angereicherte Snacks. Das sehen Ernährungswissenschaftler skeptisch, weil nicht klar ist, ob Nahrungsergänzungsmittel wirklich gegen grassierende Volksleiden helfen.

Überhaupt ist die Langzeitwirkung einer personalisierten Ernährung ungeklärt. „Das ist völlig unerforscht", moniert José Ordovás, Nutrigenetiker an der Tufts University. Die Frage ist also: Wenn man sich an diese Empfehlungen hält und dadurch Blutwerte oder das Mikrobiom in einem wünschenswerten Zustand bleiben, hilft das wirklich auf lange Sicht dabei, sich gesund zu erhalten? Schützt ein niedriger Glukosepegel im Blut tatsächlich vor Diabetes oder Herzkrankheiten? Um das zu beantworten, bräuchte es teure Langzeitstudien. Zudem sind Volksleiden multifaktoriell.

„Personalisierte Ernährung fokussiert auf den Einzelnen", meint Angeline Chatelan, Epidemiologin an der Université de Lausanne. „Doch wenn die Umwelt durch wenige Grünflächen und viele Fast-Food-Restaurants krank machend bleibt, helfen diese Maßnahmen kaum."

Fraglich ist auch, ob die Tipps überhaupt umgesetzt werden. Zwar hat das Forscherteam „Food4Me" in einer Studie mit mehr als 1600 Teilnehmern aus sieben verschiedenen europäischen Ländern gezeigt, dass die Menschen sich durch individuelle Ratschläge auch langfristig besser ernähren. Weitere Studien müssten dies jedoch bestätigen. Der US-Kardiologe Topol weiß noch nicht, wie er mit den Diättipps verfahren soll, da sie vieles empfehlen, was er gar nicht mag, beispielsweise Bratwurst, und umgekehrt vieles verbieten, was er gerne isst, etwa Kürbis.

Wie man realistisch an die Menschen herankommen kann, beschäftigt derzeit auch Monika Wintergerst und Georg Groh, Informatiker an der TU München. Sie forschen zu Dialogsystemen für Mobilgeräte, die personalisierte Ernährungsempfehlungen wie Alternativvorschläge für Zutaten geben sollen. „Das muss insbesondere zeitnah geschehen. Es bringt wenig, wenn die Smartwatch sagt: ›Morgen solltest du Fisch mit Brokkoli essen‹, wenn man jetzt Hunger auf Pizza hat", so Groh. „Die Systeme dürfen auch nicht mit dem erhobenen Zeigefinger kommunizieren. Denn dann ist die Wahrscheinlichkeit geringer, dass die Empfehlungen befolgt werden." Überhaupt besteht die Sorge, dass sich vor allem gut betuchte Bürger mit der Technik ausrüsten, die eine personalisierte Ernährung verspricht. Und das sind eher Menschen, die sowieso schon über eine bessere Gesundheit verfügen.

Aus: Spektrum der Wissenschaft Die Woche Nr. 26, 2019.

Literatur

Celis-Morales C et al (2017) Effect of personalized nutrition on health-related behaviour change: evidence from theFood4Me European randomized controlled trial. International Journal of Epidemiology 578–588

Chatelan A (2019) Precision nutrition: hype or hope for public health interventions to reduce obesity? International Journal of Epidemiology 48(2):332–342

Corella D et al (2013) Mediterranean diet reduces the adverse effect of the TCF7L2-rs7903146 polymorphism on cardiovascular risk factors and stroke incidence: a randomized controlled trial in a high-cardiovascular-risk population. Diabetes Care 36:3803–3811

Drabsch T, Holzapfel C (2019) A Scientific Perspective of Personalised Gene-Based Dietary Recommendations for Weight Management Nutrients 11:617

Khera A et al (2018) Genome-wide polygenic scores for common diseases identify individuals with risk equivalent to monogenic mutations. Nature Geneticsvolume 50:1219–1224

Ordovás J et al (2018) Personalised nutrition and health. BMJ 361:k2173

Pavlidis C (2015) Meta-analysis of genes in commercially available nutrigenomic tests denotes lack of association with dietary intake and nutrient-related pathologies. OMICS 19(9):512–20

So-Youn shin et al (2014) An atlas of genetic influences on human blood metabolites. Nature Genetics 46(6)

Zeevi D et al (2015) Personalized Nutrition by Prediction of Glycemic Responses. Cell 163:1079–1094

Kathrin Burger lebt und arbeitet als Freie Wissenschafts-journalistin in München. Sie hat Ökotrophologie studiert und einige Bücher zum Thema Ernährung publiziert.

Clean Eating: Ernährungstipps mit Fragezeichen

Kathrin Burger

Der Ernährungstrend „Clean Eating" ist gesund, solange die Ernährungsweise nicht restriktiv betrieben wird. Einiges daran ist dennoch pseudowissenschaftlich.

Der Mann ist richtig wütend. Darum hat er seinen Blog und sein kürzlich auf Deutsch erschienenes Buch auch „The Angry Chef" genannt. Der Brite Anthony Warner ist Koch mit einem Universitätsabschluss in Biochemie, und was ihn so in Rage bringt, sind die vielen selbst ernannten Ernährungsexperten, die er gerne als „Quacksalber" bezeichnet. In Buch und Blog versucht er mit Verve und evidenzbasierten Argumenten die zahlreichen pseudowissenschaftlichen Statements, die vor allem durch das Internet Verbreitung finden, zu entlarven.

K. Burger (✉)
München, Deutschland

© Springer-Verlag GmbH Deutschland, ein Teil von Springer Nature 2020
K. Burger (Hrsg.), *Super-Food für Wissenshungrige!*,
https://doi.org/10.1007/978-3-662-61464-8_11

Eines seiner großen Feindbilder ist das so genannte „Clean Eating". Dieser Ernährungstrend wurde von einem kanadischen Fitnessmodel namens Tosca Reno im Jahr 2006 zuerst in Buchform geboren, zahlreiche Bücher folgten und eine Website, über die auch Produkte vermarktet werden. Vormals stark übergewichtig, erfand sie für sich eine Ernährung, die sie nach eigenen Angaben schlank machte – von der Erfolgsgeschichte zeugen auch Vorher-nachher-Fotos. Dabei sollen die Lebensmittel frisch und naturbelassen sein und schonend zubereitet werden. Obst und Gemüse sollten zu jeder Mahlzeit dazugehören. Verpönt ist dagegen alles, was mehr als fünf Zutaten oder deren Rezeptur Unaussprechliches enthält. Zucker wird als Droge bezeichnet, und auch Weißmehl und raffinierte Fette sind tabu.

Für besonders wichtig hält Reno das Frühstück, zudem soll zwischen den kleinen Mahlzeiten wenig Zeit vergehen. Bis zu sechs Mahlzeiten hält sie für gesund, dies tariere den Insulinspiegel auf einemniedrigen Niveau aus. Auch grüne Smoothies dürfen auf dem täglichen Speiseplan nicht fehlen. Letztlich empfiehlt die Kanadierin, zwei bis drei Liter Wasser am Tag zu trinken und auf Alkohol möglichst zu verzichten. Das Netz ist voll mit Rezeptvorschlägen, Fotos und Erfahrungsberichten. Und längst soll „Clean Eating" nicht mehr nur beim Abnehmen oder Gewichthalten helfen. Auch bei unreiner Haut, Kopfschmerzen, Blähbauch, Konzentrationsschwäche oder Antriebslosigkeit ist diese Diät laut der zumeist jungen und urbanen Clean-Eating-Gemeinde indiziert. Doch was ist da dran?

Nun klingen diese Ratschläge erst mal nicht unsinnig. Und es stimmt, dass sie den zehn Regeln für eine gesunde Ernährung der Deutschen Gesellschaft für Ernährung (DGE) und auch der Vollwertkost ähneln. Julia Fischer vom Verband für Unabhängige Gesundheitsberatung (UGB) meint in einem Artikel für die Zeitschrift „ugb forum": „Hier wurde Altbekanntes neu verpackt. So kommt etwa das altbewährte Frischkornmüsli als ›Overnight Oats‹ daher, das mit Superfoods ergänzt wird."

Bislang ist diese Ernährungsweise, die auch keine Diät mehr ist, sondern ein Lifestyle-Konzept mit Power-Yoga und Achtsamkeit, zwar noch nicht in Studien untersucht worden. Allerdings gibt es tatsächlich Beweise für den Nutzen einiger dieser Ratschläge.

So führt der Verzehr von Zucker und gesüßten Getränken zu einem höheren Risiko für Übergewicht und Diabetes und wird neuerdings auch mit Herz-Kreislauf-Beschwerden in Zusammenhang gebracht. Dies liegt einerseits am hohen Kaloriengehalt von Saccharose. Laut aktueller Forschung sind die Zuckerarten Fruktose und Glukose jedoch ebenfalls schädlich für den Stoffwechsel. Glukose setzt in Zellen des oberen Dünndarms das Hormon GIP frei, kurz für glukoseinduziertes insulinotropes Peptid. „Dadurch bewirkt sie unter anderem die Entstehung einer Fettleber sowie einer Insulinresistenz", erklärte Andreas Pfeiffer, Wissenschaftler am Deutschen Institut für Ernährungsforschung, im Mai 2018 auf dem Diabetes Kongress. Außerdem wirke GIP auf das Gehirn, wo es die Freisetzung appetitanregender Hormone steigere. Fruktose stimuliert ihrerseits die Bildung von Fett in der Leber. Durch eine Fettleber steigt nun nicht nur die Gefahr einer Entzündung des Entgiftungsorgans, sondern es wird auch der Stoffwechsel ungünstig beeinflusst – Diabetes und Herzleiden können die Folge sein.

Vollkorngetreide wohl schon gesund

Viel spricht auch für den Konsum von Vollkorngetreide anstatt Weißmehl sowie für reichlich Obst und Gemüse, weil dies die Energiedichte der Nahrung senkt. Da eine niedrige Energiedichte mehr Masse bei weniger Kalorien bedeutet, ist das gut für die schlanke Linie: Solche Nahrung sättigt schlichtweg besser. Auf die gleiche Weise könnte der Verzicht auf stark verarbeitete Fertigprodukte funktionieren. Diese strotzen nämlich oft vor Zucker und Fett, sind also wahre Kalorienbomben. Zudem werden die Sättigungsmechanismen ausgehebelt, was auf Dauer Übergewicht und Diabetes zur Folge hat.

Dass Zusatzstoffe wie Farb-, Aroma- oder Konservierungsstoffe in Lebensmitteln schädlich sind, wird von Tosca Reno und ihren Anhängern zwar kolportiert, stichhaltige Beweise für eine Verteufelung all dieser Substanzen fehlen jedoch. Richtig ist dennoch, dass einige Zusatzstoffe wie Benzoesäure bei empfindlichen Personen pseudoallergische Reaktionen auslösen können. Derzeit ist auch der Zusatzstoff Phosphat in wissenschaftlichen Kreisen in die Kritik geraten, da Phosphat, das etwa in Softdrinks steckt, in großen Mengen Herz- und Knochenkrankheiten fördert, vor allem bei Menschen mit Nierenkrankheiten. In der Vergangenheit waren auch Azofarbstoffe negativ aufgefallen und müssen seit 2010 mit einem Hinweis, dass sie Aktivität und Aufmerksamkeit bei Kindern beeinträchtigen können, versehen werden.

Durch viele Studien ist indes belegt, dass eine abwechslungsreiche Ernährung mit viel Pflanzenkost und Vollkorn diversen Krankheiten vorbeugen kann. So hat etwa eine Metaanalyse aus dem Jahr 2016 gezeigt, dass ein Plus an Vollkornprodukten wie Naturreis oder Schwarzbrot das Risiko für ein frühzeitiges Ableben durch Herzkrankheiten oder Krebs verringert. Wer 90 Gramm mehr davon isst, senkt beispielsweise sein Risiko für einen Herztod um 25 %. Laut anderen Studien treten auch bestimmte Krebsarten wie Tumoren in Magen, Dickdarm oder Bauchspeicheldrüse bei Vollkornfans seltener auf.

Für Obst, Gemüse und Hülsenfrüchte sind die Beweise ebenfalls eindeutig: Die Fülle an Mikronährstoffen, Ballaststoffen und sekundären Pflanzenstoffen in Obst und Gemüse führen vor allem dazu, dass Pflanzenfans gegen hohen Blutdruck gefeit sind. Zudem sind Hülsenfrüchte wie Bohnen und Linsen wirksam, um sich gegen Volksleiden wie Diabetes, Herzkrankheiten oder sogar Krebs zu wappnen. „Es ist gesund, täglich mehrmals Obst, Gemüse, Hülsenfrüchte und Vollkornprodukte zu essen", bekräftigt Bernhard Watzl, Wissenschaftler am Max Rubner-Institut.

Dagegen ist nicht bewiesen, dass das Frühstück einen besonderen Stellenwert hat oder dass man mit vielen kleinen Mahlzeiten besser abnimmt als mit wenigen üppigen. Zwar fanden einige Arbeiten heraus, dass regelmäßige Zwischenmahlzeiten Heißhungerattacken vorbeugen. Dennoch legen aktuelle Studien nahe, dass auch das so genannte „intermittierende Fasten" oder „Intervallfasten", bei dem oft das Frühstück gecancelt wird, Pfunde purzeln lässt. So hat eine Studie der University of Chicago zwar im Jahr 2017 gezeigt, dass weniger Menschen eine solche Diät durchhalten. Konkret gaben 38 % der Intervall-Fastenden frühzeitig auf, während nur 29 % der Teilnehmer das Handtuch warfen, die regelmäßig, aber kalorienreduziert aßen. Trotzdem scheint es für bestimmte Personen eben doch leichter zu sein, auf eine Mahlzeit ganz zu verzichten, als sich ständig zu zügeln. Wegen der widersprüchlichen Faktenlage gibt die DGE derzeit keine Empfehlung in Sachen Mahlzeitenfrequenz und schlanke Linie.

Superfood nicht immer super

Das reichliche Wassertrinken ist zwar eine häufige Diät-empfehlung, wissenschaftlich ist sein Nutzen laut einer Übersichtsstudie aus dem Jahr 2015 jedoch nie bewiesen worden. Man weiß nur, dass der Konsum von Wasser statt kalorienhaltigen Getränken das Gewicht senkt oder Über-gewicht vorbeugt. Doch das ist nicht weiter verwunder-lich, schließlich nimmt man so einige Kalorien nicht zu sich.

Der Zusatznutzen von Superfoods wie Quinoa, Chiasamen oder Goji-Beeren ist indes fraglich. „Die Produkte sind gesund, weil sie sehr nährstoffreich sind", meint Watzl. „Sie sind jedoch nicht nötig." Man könne nämlich auch regionale pflanzliche Produkte wie Hirse, Leinsamen oder Blaubeeren verwenden, die den exotischen Lebensmitteln in nichts nachstünden. Die UGB-Expertin Fischer weist zudem darauf hin, dass einige dieser Superfoods negativ in Sachen Schadstoffbelastung aufgefallen sind.

Die Behauptung der „Clean Eater", eine solche Ernährung führe zu mehr Leistungsfähigkeit und einem besseren Körpergefühl, ist ebenso wenig belegt. Die schottische Ärztin Margaret McCartney fand dazu in der Fachzeitschrift „British Medical Journal" scharfe Worte: „Dieser Nonsense basiert auf einer losen Inter-pretation von Fakten und dem Wunsch, das Streben nach Wellbeing zu einer obsessiven Ganztagsbeschäftigung zu machen." Und auch Anthony Warner hält viele der Versprechungen für unwissenschaftlich. So wird etwa behauptet, „Clean Eating" sei gesund, weil es – etwa mittels grüner Smoothies – entgifte und einer Über-säuerung entgegenwirke. Tatsächlich gibt es keine Gifte, die den Darm verschlacken, oder Säuren, die sich bei Gesunden im Gewebe absetzen und Krankheiten wie Krebs fördern. „Gedanken von Giftigkeit, Krankheit und Angst, wenn es um Essen geht, sind schädlich. Denn Essen sollte Freude bereiten."

Ein weiteres Problem: „Es geht um extremes Dünnsein, um Kontrolle, und wer das nicht schafft, schämt sich, er gilt als unrein", schreibt Warner. Mit der nach außen hin propagierten Diät schaffe man das aber nicht, darum seien ganze Lebensmittelgruppen verpönt. Viele „Clean Eater" sind zudem Veganer oder Rohköstler, verbieten sich Gluten oder Milch. Problematisch findet Warner, dass mittlerweile immer häufiger so getan würde, als gehe es bei „Clean Eating" um „gesundes Essen". Dabei können extreme Restriktionen zu Mangelernährung und Essstörungen führen. Auch McCartney hält das „Clean Eating" für eine Form der Orthorexia nervosa, also der zwanghaften Besessenheit von gesunder Ernährung.

Wie viele „Clean Eater" den Empfehlungen streng und dogmatisch folgen, ist nicht bekannt. Die lockere Variante ist auf jeden Fall gesund, wenn sie mit Genuss einhergeht. „Es ist keine extreme Ernährungsform wie zum Beispiel bei einer Low-Carb-Ernährung. Es ist eine ausgewogene Mischkost", meint Daniel König, Ernährungswissenschaftler an der Universität Freiburg. Die UGB-Expertin Fischer kann der Ernährung ebenfalls Gutes abgewinnen. Schließlich würden von der sportlich attraktiven Kanadierin Tosca Reno vor allem junge Menschen dazu motiviert, wieder selbst zu kochen und sich mit frischen Zutaten zu beschäftigen.

Aus: Spektrum – Die Woche, 30/2018.

Literatur

Casazza C (2015) Weighing the Evidence of Common Beliefs in Obesity Research. Crit Rev Food Sci Nutr 6; 55(14):2014–2053

Disthabanchong S (2018) Phosphate and Cardiovascular Disease beyond Chronic Kidney Disease and Vascular Calcification. Int J Nephrol. 2018:3162806

Hajishafiee M (2016) Cereal fibre intake and risk of mortality from all causes, CVD, cancer and inflammatory diseases: a systematic review and meta-analysis of prospective cohort studies. Br J Nutr 116(2):343–532

Malik VS1 (2017) Sugar sweetened beverages and cardiometabolic health. Curr Opin Cardiol 32(5):572–579

McCartney M (2016) Clean eating and the cult of healthism. BMJ 354:i4095

McRae MP (2017) Health Benefits of Dietary Whole Grains: An Umbrella Review of Meta-analyses. J Chiropr Med 16(1):10–18

Papandreou C (2018) Legume consumption and risk of all-cause, cardiovascular, and cancer mortality in the PREDIMED study. Clin Nutr pii: S0261–5614(17)31439–5

Trepanowski JF (2017) Effect of Alternate-Day Fasting on Weight Loss, Weight Maintenance, and Cardioprotection Among Metabolically Healthy Obese Adults. A Randomized Clinical Trial. JAMA Intern Med 177(7):930–938

Kathrin Burger lebt und arbeitet als Freie Wissenschafts-journalistin in München. Sie hat Ökotrophologie studiert und einige Bücher zum Thema Ernährung publiziert.

Wie gesund ist vegane Kost?

Kathrin Burger

Wer tierische Lebensmittel meidet, lebt automatisch ungesund. So lautet zumindest ein weit verbreitetes Vorurteil. Doch Studien aus der Ernährungswissenschaft zeigen, dass sich auch Veganer gut ernähren können – wenn sie wissen, wie es richtig funktioniert. Bei Schwangeren und Kindern sind sich Experten allerdings noch uneins.

Apple-Mitbegründer Steve Jobs soll in den 1970er Jahren ausschließlich Früchte und Gemüse gegessen haben. Aus dieser Zeit als so genannter Frutarier stammt vermutlich der Firmenname „Apple", erzählt man sich zumindest. Wenngleich auch heute nur wenige Menschen bekennende Frutarier sind, so entscheiden sich zumindest

K. Burger (✉)
München, Deutschland

© Springer-Verlag GmbH Deutschland, ein Teil von Springer Nature 2020
K. Burger (Hrsg.), *Super-Food für Wissenshungrige!,*
https://doi.org/10.1007/978-3-662-61464-8_12

immer mehr für eine vegane Ernährung, bei der alle Lebensmittel vom Tier gemieden werden.

Das suggeriert jedenfalls die steigende Beliebtheit von veganen Kochbüchern, Restaurants und Lebensmitteln. Im Jahr 2010 kamen laut dem Vegetarierbund Deutschland (VEBU) lediglich drei vegane Kochbücher auf den Markt, 2015 waren es ganze 119 Stück. Wie viele Veganer es hier zu Lande tatsächlich gibt, ist unklar. Die Zahlen schwanken zwischen 0,1 und 1,1 % der Bevölkerung. Zu den Motiven für die radikale Ernährungsumstellung zählen vor allem Tier- und Umweltschutz, seltener die Gesundheit. Doch wie gesund ist Veganis-mus auf Dauer tatsächlich?

Viele bringen die vegane Ernährung vor allem mit einer Mangelernährung in Verbindung. Rund zwei von drei Menschen halten schon eine fleischlose Ernährung für ungesund. Wissenschaftliche Untersuchungen ziehen diese Annahme allerdings in Zweifel: So haben laut der Adventist-Health-Studie männliche Veganer eine um 15 % reduzierte Gesamtmortalität verglichen mit Misch-köstlern. Im Rahmen der Langzeitstudie untersuchten Forscher den Speiseplan von mehr als 96.000 Kirchen-mitgliedern in den USA und Kanada und verglichen ihn mit dem Auftreten verschiedener Erkrankungen. Die Erhebung läuft seit 2002 und wird von der Loma Linda University durchgeführt. Allerdings konnten andere Studien, wie etwa die Oxford-EPIC-Studie, keine lebens-verlängernden Effekte bei Veganern finden.

In Sachen Diabetes ist die Sache eindeutiger: So sinkt das Risiko zu erkranken bei Veganern um fast 50 %. Und auch gegen Herzerkrankungen scheinen sie besser gefeit zu sein; bei Männern ist das Risiko um rund 42 % reduziert. Das hängt unter anderem damit zusammen, dass Menschen, die auf tierische Nahrungsmittel verzichten, im Schnitt niedrigere Blutdruck-, Blutfett- und Zuckerwerte haben und zumeist schlanker sind. Die Ursache dafür ist vermutlich eine ballaststoffreichere und fettärmere Ernährung.

Das Krebsrisiko sinkt

Insgesamt sind Veganer auch mit Beta-Carotin, Vitamin C, Vitamin E, Folsäure und einigen sekundären Pflanzenstoffen besser versorgt als Mischköstler. Zudem gibt es Hinweise darauf, dass eine vorwiegend auf pflanzlichen Produkten basierende Ernährung rheumatoider Arthritis vorbeugt. Auch an Krebs erkranken Veganer seltener. Laut der Adventisten-Studie sinkt das Risiko für Magen-Darm-Tumoren um 25 %, bei Männern das Risiko für Prostatakrebs um 54 % und bei Frauen das Brustkrebsrisiko um 34 %.

Im Gegenzug neigen Veganer laut der Oxford-EPIC-Studie allerdings eher zu Osteoporose und Frakturen, da sie wenig Vitamin D und Kalzium zu sich nehmen. Ersteres ist vor allem in fetthaltigen, tierischen Lebensmitteln wie Fisch, Eigelb oder Butter enthalten. Allerdings wird der Bedarf auch bei Mischköstlern kaum durch Ernährung gedeckt. Kalzium kommt maßgeblich in Milch und Milchprodukten vor, also in Lebensmitteln, die Veganer ebenso wie Fleisch, Fisch und Eier in aller Regel von ihrem Speiseplan gestrichen haben. Ob sie häufiger oder seltener unter Erkältungskrankheiten leiden, wie immer wieder diskutiert wird, kann bis dato nicht durch Fakten belegt werden.

„Veganer sind seltener Raucher, trinken weniger Alkohol und bewegen sich mehr".

Der insgesamt bessere Gesundheitszustand von Menschen, die auf tierische Kost verzichten, lässt sich allerdings nicht allein durch die vorteilhafte Lebensmittelauswahl erklären. Veganer sind auch signifikant seltener Raucher und frönen kaum dem Alkohol. Zudem bewegen sie sich in der Regel mehr. Gerade mit Blick auf die Krebserkrankungen könnte es deshalb sein, dass nicht die Ernährung, sondern der insgesamt besonders gesunde Lebensstil präventiv wirkt. Gesundheitsbewusste Mischköstler, die wenig Fleisch essen, liegen deshalb in dieser Hinsicht meist mit Vegetariern und Veganern gleichauf.

Sich gut vegan zu ernähren, ist jedoch alles andere als einfach. Der Speiseplan muss so zusammengestellt sein, dass sich die pflanzlichen Eiweiße ergänzen, Vitamin C mit eisenhaltigen Nahrungsmitteln verzehrt wird oder mit Kalzium-angereicherte Lebensmittel konsumiert werden. Wer darauf nicht achtet, riskiert durch eine vegane Ernährung zu wenig Vitamin B12, Eisen, Jod, Zink, Omega-3-Fettsäuren, Kalzium und Vitamin B2 aufzunehmen. So empfiehlt die Deutsche Gesellschaft für Ernährung (DGE) Veganern möglichst nährstoffreiche Lebensmittel wie Quinoa oder Amarant auf ihren Speiseplan zu setzen. Sie liefern unter anderem viel Eisen, Zink und Eiweiß.

Mangelerscheinungen vorbeugen

Neben Vollkornprodukten sind auch Hülsenfrüchte, sowie Nüsse und Samen wahre Nährstoffbomben. An Zucker und Auszugsmehl sollten Veganer dagegen eher sparen. Jod sollte vor allem in Form von jodiertem Salz auf den Tisch kommen. Zudem raten Experten wie Markus Keller, Ernährungswissenschaftler am Institut für Nachhaltige Ernährung, allen Veganern, Vitamin B12 zu supplementieren. Das geht zum Beispiel in Form von Tabletten, als Zusatz in Lebensmitteln oder auch mit Hilfe einer Vitamin-B12-haltigen Zahnpasta.

Denn: Vitamin B12 spielt eine Rolle bei der Zellteilung und kommt in ausreichenden Mengen nur in tierischen Lebensmitteln vor. Es wird von Mikroorganismen im Wiederkäuerdarm, im Boden und im Wasser mit Hilfe von Kobalt gebildet und landet so in Fleisch, Milch, Eiern und Fisch. Auch in pflanzlichen Lebensmitteln, die fermentiert wurden wie Bier, Sauerkraut, Tee und Tempeh kann das Vitamin enthalten sein. Gleichsam wurden in Shiitakepilzen, Nori-Algen und auch Getreide teilweise sehr hohe Dosen gefunden. Allerdings sind die Gehalte in Pflanzenprodukten sehr schwankend, und es ist unklar, inwieweit die dort vorkommenden Vitaminvarianten tatsächlich vom Menschen genutzt werden können. „Nach derzeitigem Stand der Wissenschaft kann allein mit pflanzlichen Lebensmitteln keine sichere Vitamin-B12-Versorgung sichergestellt werden", sagt Keller.

Dennoch leiden nicht alle Menschen, die auf tierische Produkte verzichten, an einem Vitamin-B12-Mangel. In der EPIC-Oxford-Studie hatte nur rund jeder zweite Veganer nach zehn Jahren zu niedrige Vitamin-Pegel im Blut, obwohl nur 20 % der Teilnehmer Nahrungsergänzungsmittel einnahmen. Auch klinische Anzeichen wie Blutarmut, Müdigkeit und neurologischen Beschwerden wie Taubheitsgefühle und Kribbeln sind bei den Betroffenen selten – lassen sich teilweise allerdings nicht wieder rückgängig machen.

Warum einige Veganer keinen Mangel erleiden, ist umstritten. Es könnte daran liegen, dass sich im Körper über die Jahre Speicher aufbauen solange sich jemand mit einer Mischkost ernährt. Steigt die Person dann um, reichen die Reserven noch für drei bis zehn Jahre. Zudem wird der Vitamin-B12-Pegel auch durch genetische Besonderheiten beeinflusst, wenngleich nicht in dem Maß, wie es über die Ernährung möglich ist. Auch eine ausgeprägte Mikroflora im unteren Dünndarm, am Ort der Resorption von Vitamin B12, könnte zu einer Art „Eigenversorgung" führen.

Eine andere Möglichkeit wäre schließlich auch, dass die betroffenen Veganer letztlich nicht wirklich konsequent in ihrem Verzicht sind und Fertigprodukte mit Resten von Milch- oder Eipulver zu sich nehmen, erklärt Claus Leitzmann, emeritierter Ernährungswissenschaftler an der Universität Gießen. Im Übrigen treten auch Mängel an Eisen, Kalzium und Eiweiß relativ selten auf. „Veganer sind sehr ernährungsbewusst und weisen ein überdurchschnittlich gutes Ernährungswissen auf", so Leitzmann. Trotzdem raten Experten zu einem jährlichen Blutcheck, möglichst schon direkt zu Beginn der Ernährungsumstellung. Rätselhaft ist zudem auch, warum Veganer, die keinen Fisch und damit auch kaum die als gesund geltenden langkettigen Omega-3-Fettsäuren EPA und DHA aufnehmen, ähnliche Blutwerte haben wie Fischesser. Forscher der Norwich University vermuten, dass der Körper bei einer geringen Zufuhr von EPA und DHA beginnt, vermehrt pflanzliche Fette wie Linolensäure umzubauen. Vor allem bei Frauen scheint dies der Fall zu sein.

Vorsicht in der Schwangerschaft und bei Kindern

Zwar gilt eine vegane Ernährung heute den positiven Befunden aus den Langzeitstudien zufolge für erwachsene, gesunde Menschen als vorteilhaft. Dennoch raten

Experten in besonderen Lebenslagen, in der Schwanger-
schaft, während der Stillzeit und bei Kindern zur Vorsicht. Schwangere und stillende Veganerinnen sollten
möglichst nicht nur Vitamin B12, sondern auch Kalzium,
Jod, Omega-3-Fettsäuren und Eisen als Tabletten einnehmen. Auch auf eine ausreichende Energieversorgung
ist zu achten. Unter anderem wegen der Vitamin-B12-
Problematik raten diverse Fachgesellschaften wie die
European Society of Paediatric Gastroenterology,
Hepatology and Nutriti-on (ESPGHAN) und die DGE
von veganer Ernährung bei werdenden oder stillenden
Müttern und bei Kindern ab (Abb. 1).

Bei Kindern gelten neben Vitamin B12 auch Zink,
Eisen und Jod als kritisch, da Säuglinge und Klein-
kinder sehr große Mengen dieser Mikronährstoffe
brauchen. Tatsächlich gibt es einzelne Fälle von vegan
ernährten Kindern mit schweren Wachstums- und
Entwicklungsstörungen, teilweise endeten sie tödlich. Die US-amerikanische Academy of Nutrition and
Dietetics und Experte Markus Keller halten eine vegane
Ernährung für Kinder dagegen schon für möglich –

Abb. 1 Auch ohne tierische Nahrungsmittel ist eine gesunde
Ernährung durchaus möglich. Bei Kindern raten Experten
allerdings zur Vorsicht. (© gpointstudio/Getty Images/iStock)

allerdings sollten sich die Eltern sicherheitshalber eine gute Ernährungsberatung suchen. Das Forschungsinstitut für Kinderernährung hält zu diesem Zweck etwa Beikost-Empfehlungen bereit. Zudem rät Keller, die Blutwerte der Kinder regelmäßig überprüfen zu lassen und gegebenenfalls Mangelnährstoffe in Tablettenform zu geben.

Milch- und Fleischersatzprodukte braucht es im Übrigen für eine vegane Ernährung nicht. Die meisten Milchersatzprodukte liefern mit der Ausnahme von Sojamilch kaum Eiweiß, wie ein irisches Forscherteam entdeckte. Zudem haben einige Varianten wie die Reismilch einen sehr hohen glykämischen Index, sie lassen den Blutzuckerspiegel also stark in die Höhe schnellen. Das könnte auf lange Sicht Diabetes, Übergewicht und Herzkrankheiten begünstigen. Fleischersatzprodukte sind laut einer Untersuchung von Markus Keller häufig mit Salz und diversen Zusatzstoffen wie Hefeextrakt überfrachtet, besser schnitten dabei nur die Bioprodukte ab. In Sachen Fett sind sie sehr unterschiedlich, so dass fettarme Erzeugnisse bevorzugt verzehrt werden sollen.

Insgesamt kommt der Wissenschaftler aber zu dem Schluss, dass die Proteinqualität der Produkte vorbildlich ist und deshalb ein moderater Verzehr im Rahmen einer vollwertigen und abwechslungsreichen Ernährung kein Problem darstellt. Umfragen belegen zudem, dass inzwischen auch viele Mischköstler zu den Alternativen greifen, um ihren Fleischkonsum zu reduzieren. Milch-Alternativen werden auch von Laktoseintoleranten oder Allergikern gekauft.

Aus: Spektrum.de, 10. April 2017.

Literatur

Agostoni C (2008) Complementary feeding: a commentary by the ESPGHAN Committee on Nutrition. J Pediatr Gastroenterol Nutr 46(1):99–110

Gilsing A et al (2010) Serum concentrations of vitamin B12 and folate in British male omnivores, vegetarians, and vegans: results from a cross-sectional analysis of the EPIC-Oxford cohort study. Eur J Clin Nutr 64(9):933–939

Jeske S et al (2017) Evaluation of Physicochemical and Glycaemic Properties of Commercial Plant-Based Milk Substitutes. Plant Foods Hum Nutr 72:26–33

Keller M et al (2017) Vitamin B-12–fortified toothpaste improves vitamin status in vegans: a 12-wk randomized placebo-controlled study. Am J Clin Nutr 105(3):618–625

Key TJ (2009) Mortality in British vegetarians: results from the European Prospective Investigation into Cancer and Nutrition (EPIC-Oxford). Am J Clin Nutr 89(5):1613S–1619S

Orlich M, Fraser G (2014): Vegetarian diets in the Adventist Health Study 2: a review of initial published findings: Am J Clin Nutr vol. 100(Suppl. 1):353S–358S

Roddam et al (2007) Association between plasma 25-hydroxyvitamin D levels and fracture risk: the EPIC-Oxford study. Am J Epidemiol 166(11):1327–1336

Welch AA et al (2010) Dietary intake and status of n-3 polyunsaturated fatty acids in a population of fish-eating and non-fish-eating meat-eaters, vegetarians, and vegans and the product-precursor ratio [corrected] of α-linolenic acid to long-chain n-3 polyunsaturated fatty acids: results from the EPIC-Norfolk cohort. Am J Clin Nutr 92(5):1040–1051

Kathrin Burger lebt und arbeitet als Freie Wissenschafts-journalistin in München. Sie hat Ökotrophologie studiert und einige Bücher zum Thema Ernährung publiziert.

Milch & Brot – Feinde auf dem Teller?

Kathrin Burger

Gefühlt vertragen immer mehr Menschen bestimmte Lebensmittel nicht. Das liegt vor allem an veränderten Ernährungsgewohnheiten, besseren Diagnosemöglichkeiten und dem „Hype-Syndrom".

Klaus bestellt neuerdings Cappuccino mit Sojamilch, Mia verzichtet auf viele Brotsorten, Tanja meidet Obst, Tom verträgt keinen Rotwein mehr – diese Lebensmittel bereiten den vieren Bauchschmerzen, Blähungen, Völlegefühl, Kopfschmerzen, Müdigkeit. Gefühlt nehmen Nahrungsmittelunverträglichkeiten, zu denen auch Allergien zählen, zu. Doch was ist dran am großen Lebensmittel-Bashing? Schließlich sind Milch, Brot und

K. Burger (✉)
München, Deutschland

© Springer-Verlag GmbH Deutschland, ein Teil von Springer Nature 2020
K. Burger (Hrsg.), *Super-Food für Wissenshungrige!*,
https://doi.org/10.1007/978-3-662-61464-8_13

Obst Nahrungsmittel mit langer Tradition. Und sie gelten Ernährungswissenschaftlern eigentlich als gesund.

Rund fünf 5 % der erwachsenen Bevölkerung leiden unter einer Nahrungsmittelallergie etwa auf Nüsse, Obst- und Gemüsesorten oder Soja, während nicht allergische Unverträglichkeiten wie die Laktoseintoleranz oder die Fruktosemalabsorption schwer zu beziffern sind, da diese überhaupt nur bei einem bestimmten Ernährungsverhalten zu Tage treten. Ob Nahrungsmittelunverträglichkeiten insgesamt medizinisch nachvollziehbar zunehmen, ist darum auch nicht eindeutig zu sagen. „Es gibt zu wenig robuste Studien, um einen Zeittrend abzulesen", sagt Linus Grabenhenrich, Sozialmediziner an der Charité in Berlin.

Steigende Erkrankungszahlen beobachten Statistiker nur bei der Zöliakie – allerdings führt dies lediglich zu einer geringfügigen Zunahme der Unverträglichkeiten gegenüber Lebensmittel insgesamt. Für die Zöliakie hat Alessio Fasano, Gastroenterologe an der Harvard Medical School berechnet, dass sich die Fälle in den letzten 25 Jahren weltweit verfünffacht haben.

> ⚑ **„Die Zunahme liegt auch an einer verbesserten Diagnostik" – Heiko Witt.**

Auch in Deutschland lag die Zahl in den 1970er Jahren bei 0,03 %, in den 2000er Jahren bei 0,2 %, derzeit sind es 0,3 %. Die Betroffenen besitzen Besonderheiten in so genannten HLA-Genen, darum wird ihnen das Eiweiß Gluten, das in Weizen, Roggen oder Gerste steckt, zum Verhängnis. So löst Brotverzehr Entzündungsprozesse im Darm aus, was die Nährstoffaufnahme erheblich erschwert. Bauch- oder Kopfschmerzen und Abgeschlagenheit sind typische Symptome. Betroffene müssen ein Leben lang jegliches Gluten meiden, weil sie sonst schlimme Folgeerkrankungen wie Osteoporose oder Darmkrebs riskieren.

„Die Zunahme liegt einerseits an einer verbesserten Diagnostik", sagt Heiko Witt, Ernährungsmediziner an der TU München. In den letzten Jahrzehnten wurden immer bessere Bluttests entwickelt, die die Diagnose erleichtern. „Allerdings ist damit nicht gesagt, dass es heute wirklich mehr Zöliakie-Kranke gibt oder ob diese früher einfach nicht erkannt wurden." Auch heute noch geht man von einer hohen Dunkelziffer aus. Einige Forscher verdächtigen zudem Veränderungen in den Ernährungsgewohnheiten. Die Glutenaufnahme über Backwaren hat hier zu Lande laut Peter Köhler, Stellvertretender Direktor der Deutschen Forschungsanstalt für Lebensmittelchemie in Freising, in den letzten zehn Jahren zwar nicht zugenommen. „Allerdings wird mittlerweile auch vielen Fertigprodukten wie Suppen und Soßen Gluten zugesetzt", sagt Köhler.

Möglicherweise werden sogar schon früher, im Säuglingsalter, die Weichen gestellt: So sollen bestimmte Infektionen etwa mit Rotaviren das Risiko erhöhen. Auch die Ernährung im ersten Lebensjahr könnte eine Rolle spielen. So vermutete man, dass der Zeitpunkt, wann ein Kind das erste Mal Gluten mit der Beikost bekäme, entscheidend sei. „Dies konnte jedoch nicht bestätigt werden", sagt Imke Reese, Ernährungswissenschaftlerin in München. Ob das Baby also mit fünf oder erst mit sieben Monaten Getreidebrei gefüttert bekommt, scheint zumindest für das Zöliakie-Risiko nicht relevant zu sein.

In der „S2k-Leitlinie Zöliakie" aus dem Jahr 2014 ist obendrein von einer „Weizensensitivität" die Rede. Dabei verschwinden mit einer glutenarmen Diät die Symptome, die der Zöliakie ähneln, jedoch abgeschwächter auftreten. „Es ist aber trotzdem noch nicht geklärt, ob es das Krankheitsbild überhaupt gibt, darum lässt sich nicht sagen, ob wir eine Zunahme sehen", sagt Reese. Zumal es keine Diagnosemöglichkeiten gibt. In Deutschland liegen die medizinischen Schätzungen zwischen einem halben und sechs Prozent. Auch der Auslöser ist unklar. So werden neben Gluten auch so genannte Amylase-Trypsin-Inhibitoren (ATIs) verdächtigt. Diese triggern – zumindest im Tierversuch – Immunreaktionen. Auch eine Reihe von Zuckern, die „FODMAPs", kommen als Übeltäter in Frage. Diese sind in Weizen, Obst, Gemüse, Süßstoffen und Milchprodukten enthalten und „vergären" im Dickdarm. Ebenso könnten die kurzen Reifezeiten der industriell verwendeten Teiglinge, wodurch Stoffumwandlungen blockiert werden, den Darm in Aufruhr versetzen. Sauerteigbakterien aber bauen Glutene ab. Auch FODMAPs verringern sich im Lauf der Teigreifung, wie Reinhold Carle, Lebensmitteltechnologe an der Universität Hohenheim, 2016 herausfand.

Mengenmäßig wesentlich häufiger kommt die Laktoseintoleranz vor, laut Heiko Witt sind 5 bis 20 % der Menschen hier zu Lande betroffen. Dabei besitzen 20 % der Menschen einen genetischen Defekt, der zu einem Enzymmangel führt. „Allerdings haben nur schätzungsweise 5 bis 10 % auch Symptome", sagt Witt. Sie reagieren nach einem Glas Kakao mit Übelkeit, Schmerzen, Durchfall oder Blähungen. Die Diagnose ist in diesem Fall mit einem Atemtest vergleichsweise einfach. Kleine Mengen an Laktose, wie sie etwa in Butter oder Hartkäse vorkommen, werden gut vertragen. Allerdings steckt etwa in einem Latte macchiato eine erhebliche Portion Laktose. „Milch ist für Erwachsene schwer verdaulich, das ist der Normalzustand; man sollte dies nicht pathologisieren", meint Heiko Witt. Auch bei der

Fruktosemalabsorption spielt der moderne Ernährungsstil eine Rolle. Die Symptome wie Bauchschmerzen oder
Flatulenz stellen sich nämlich nur ein, wenn ein Defekt
in einem Transportprotein der Darmschleimhaut vorliegt
und gleichzeitig mehr als 25 Gramm Fruktose etwa in
Form von fruktosereichem Sirup, Säften oder Smoothies
konsumiert werden. Bei schätzungsweise 30 % der
Menschen soll ein solcher Proteindefekt vorliegen.

Oft haben die Betroffenen gleichzeitig eine
Sorbitolintoleranz, zu der es aber wenig Fakten gibt:
„Sorbitol wird generell schlecht vom Darm ins Blut auf-
genommen", meint der Münchner Wissenschaftler Witt.
Der Zuckeralkohol steckt in zahlreichen Früchten und
Fertigprodukten (E 420). Unter einer so genannten
Salicylatintoleranz leiden hingegen zwei bis gut drei Pro-
zent der Menschen. Salicylsäure steckt in Schmerzmitteln,
in Nahrungsmitteln wie Trockenobst und in Zusatz-
stoffen, etwa Benzoesäure und Farbstoffe. Des Weiteren
gibt es so genannte Pseudoallergien auf Schwefel und
Sulfite oder natürliche Aromastoffe, die in Tomaten, Obst,
Gewürzen und Wein vorkommen. Rund ein Prozent der
Deutschen ist davon betroffen.

Umstritten ist neben der Weizensensitivität auch
die Histaminintoleranz. Einige Experten wie Reese
bezweifeln, ob es diese Gesundheitsstörung überhaupt
gibt. Schließlich ist die Diagnose schwierig, darum fehlen
auch belastbare Zahlen, die einen Trend belegen könnten.
Nichtsdestoweniger geben einige Ärzte an, dass ein bis
drei Prozent der deutschen Bevölkerung betroffen seien,
80 % davon Frauen mittleren Alters. Die Theorie: Durch
einen Mangel oder die reduzierte Aktivität des Enzyms
Diaminoxidase werde Histamin aus der Nahrung (Rotwein, Parmesan, Salami) nicht schnell genug abgebaut.
Histamin, das auch bei allergischen Reaktionen in großen
Mengen ausgeschüttet wird, führt zu Ödemen, laufender
Nase oder Migräne.

Wegen der vielfach ähnlichen Symptome werden Intoleranzen allerdings leicht mit echten Allergien verwechselt. Hier ist der Wirkmechanismus jedoch ein ganz anderer. Es kommt zu einer überschießenden Reaktion gegenüber Proteinen, bei der Antikörper der Klasse E (Typ IgE) entstehen – Entzündung, Schleimhautschwellung, Juckreiz ist die Folge. Im schlimmsten Fall droht ein anaphylaktischer Schock. Die Diagnose „Allergie" kann nur ein Arzt per IgE-Test stellen. Das „schädliche" Lebensmittel muss nach positivem Ergebnis vollständig gemieden werden.

Laut diversen Studien glauben jedoch viele Menschen fälschlicherweise, sie litten an einer Nahrungsmittelunverträglichkeit. So gaben in einer deutschen Studie aus dem Jahr 2004 gleich 35 % der Erwachsenen an, auf bestimmte Lebensmittel allergisch zu reagieren, doch nur 3,7 % hatten in nachfolgenden Tests wirklich eine solche Erkrankung. Ein Teil derjenigen, die sich „frei von" X oder Y ernähren, haben wohl vorher eine Selbstdiagnose gestellt, bestätigt Reese. Vor allem die Weizensensitivität und die Histaminunverträglichkeit betrifft das: Laut einer „Spiegel-Online" -Umfrage aus dem Jahr 2014 halten 9 % der Befragten Gluten für unbekömmlich, 11 % verdächtigen Histamin als Krankmacher.

Dies liegt nicht nur an der Panikmache durch Möchtegernexperten wie David Perlmutter mit seinem Buch „Dumm wie Brot", sondern womöglich auch daran, dass „Frei-von"-Produkte vom Verbraucher als gesünder angesehen werden, wie eine Studie 2014 belegte. Fasano warnt jedoch: „Glutenfreie Produkte sind nicht per se gesünder, nur weil sie als Diätlebensmittel erdacht wurden. Sie enthalten oft viel Zucker, Salz und Fett." Kritisch sind auch dubiose Allergietests zu sehen, die von medizinischen Labors oder Heilpraktikern durchgeführt werden, beispielsweise IgG-Tests gegen Nahrungsmittel oder Kinesiologie. Der Patient verlässt die Praxis dann mit einer Liste zahlreicher Lebensmittel, die zu meiden sind. Ein radikaler Verzicht kann jedoch die Lebensqualität einschränken und zu Mangelernährung führen – vor allem bei Kindern.

„Viele leiden sicherlich auch am ›Hype-Syndrom‹", meint Heiko Witt. Schließlich werden alle möglichen Ernährungstrends von Prominenten, Medien und Industrie befeuert – die Aufmerksamkeit ist darum deutlich gestiegen (Abb. 1). „Und die Kenntnis über Unverträglichkeiten führt dazu, dass geringfügige Symptome überschätzt werden", ergänzt Daniel Kofahl, Ernährungssoziologe am APEK, dem Büro für Agrarpolitik und Ernährungskultur. „Auch allgemeines Unwohlsein kann als Weizensensitivität oder Laktoseintoleranz einsortiert werden", so Kofahl. „Über die Essensauswahl können die durchaus realen Symptome dann relativ leicht verändert werden." Das reicht so weit, dass bestimmte Zusatzstoffe oder eben Gluten tatsächlich Ekel, Übelkeit und Angst-

Abb. 1 Das Hype-Syndrom, © bernardbodo/Getty Images/iStock

vorstellungen auslösen. Kofahl sieht noch einen weiteren Grund, warum die Zahl der Selbstdiagnosen ansteigt: „Man hat dann ein Herausstellungsmerkmal, ist aber gleichzeitig Teil einer Gemeinschaft."

Imke Reese will die Unverträglichkeiten ebenfalls nicht bagatellisieren: „Ein Teil der Menschen findet es vielleicht schick, an einer Unverträglichkeit zu leiden, aber es gibt auch viele, die durchaus teils sehr unangenehme Symptome haben, für die die Ärzte meist keine Erklärung finden." Ihrer Erfahrung nach ist Betroffenen meist mit einer Ernährungsberatung geholfen, denn: „Wer viel Zucker und Stärke isst und zu wenig Ballaststoffe", so Reese, „der bekommt automatisch Verdauungsprobleme".

Aus: Spektrum.de, 13. März 2017.

Literatur

Ebock A (2011) Zöliakie – Grundlagen, Diagnostik, Ernährungstherapie. Ernährungsumschau 4/2011, S 202
Klimek L (2016) Nahrungsmittelallergien und -intoleranzen: Hessisches Ärzteblatt 4/2016, S 141

Kathrin Burger lebt und arbeitet als Freie Wissenschaftsjournalistin in München. Sie hat Ökotrophologie studiert und einige Bücher zum Thema Ernährung publiziert.

Verschlackt und übersäuert: Was von Detox-Diäten und Fasten zu halten ist

Kathrin Burger

Der Körper kann sich sehr gut selbst entgiften. Und auch zum langfristigen Abnehmen sind radikale Fastenkuren wenig geeignet. Nur das Heilfasten kann für Kranke hilfreich sein.

Dieses Jahr ist es also Selleriesaft. Das hellgrüne Getränk soll beim alljährlichen Detox helfen – so wird es jedenfalls von den bekannten Healthy-Food-Bloggern wie der Schauspielerin Katie Holmes oder „Deliciously Ella" propagiert. Detox bedeutet so viel wie: den Körper reinigen, entgiften und entschlacken. Zwar sind immer weniger Menschen in den Industrienationen gläubig, dennoch boomt das Fasten nach der Weihnachts- und Faschingszeit, das auch in den Religionen für Reinigung

K. Burger (✉)
München, Deutschland

© Springer-Verlag GmbH Deutschland, ein Teil von Springer Nature 2020
K. Burger (Hrsg.), *Super-Food für Wissenshungrige!*,
https://doi.org/10.1007/978-3-662-61464-8_14

143

steht – allerdings geht es beim religiösen Fasten um Spiritualität und nicht um einen gesunden, schlanken Körper oder ein faltenfreies Gesicht wie beim säkularen Entgiften. Für Letzteres schwören diverse meist selbst ernannte Ernährungsapostel wahlweise auf so genannte Superfoods – wie eben Selleriesaft, natives Kokosöl, bestimmte Nahrungsergänzungsmittel, etwa Algentabletten, oder auch basenreiche Lebensmittel sowie Heilfasten und „F.-X.-Mayr-Kuren". Doch was ist dran an diesen Versprechen?

Bei so genannten Entgiftungsdiäten stehen zehn Tage nur Wasser, Kräutertees und Säfte auf dem Speiseplan. Teils wird destilliertes Wasser empfohlen, Entgiftungstabletten bestehend aus verschiedenen Pflanzenextrakten oder Detox-Fußpflaster. Auch das Trinken des eigenen Urins wird bisweilen als hilfreich angesehen. All dies soll aus dem Körper schädliche Substanzen wie Alkohol, Medikamente oder Umweltgifte ausschwemmen. Doch es fehlen Aussagen darüber, um welche Gifte es sich dabei eigentlich handeln soll und wie diese dann abgebaut werden sollen. Die Deutsche Gesellschaft für Ernährung (DGE) stellt auf ihrer Webseite klar: „Ein gesunder menschlicher Körper kann sich selbst ›reinigen‹, indem er unerwünschte Stoffe über Leber, Nieren, Darm, Haut und die Atmung ausscheidet." Es existieren also keine dubiosen Gifte, mit denen der Körper offenbar nicht alleine fertig wird.

Detox und Co

Zwar gibt es einige Tierstudien, die teils auch positive Ergebnisse zum Potenzial von Detox-Produkten lieferten. So verstärken etwa Koriander, Nori-Algen und das Abführmittel Olestra die Leberentgiftung und schleusen vermehrt so genannte „persistente organische Schadstoffe" (POPs) aus dem Körper, zu denen etwa PCB und Dioxine zählen. Dennoch ist das Fazit einer Übersichtsstudie aus dem Jahr 2014: Entgiftungsdiäten sind zu wenig untersucht, vor allem fehlen Humanstudien, um eine Wirksamkeit nachzuweisen. Der derzeit angesagte Selleriesaft soll etwa allgemein für Fitness sorgen, aber auch Fibromyalgie, Ekzeme, das chronische Fatigue-Syndrom, Psoriasis oder sogar Krebs kurieren. Studien dazu liegen freilich nicht vor. Wegen der mauen Studienlage haben deutsche Gerichte etwa auch Detox-Werbung auf Tees mehrmals als unzulässige Gesundheitswerbung verboten.

Doch die Detox-Diäten sind nicht nur einfach wirkungslos, sie können im Gegenteil Schaden anrichten. Problematisch sind solche alternativmedizinischen Methoden etwa, weil sich die Vermarktung an chronisch Kranke richtet, die dann womöglich lebensnotwendige Therapien abbrechen. Eigenharn zu trinken kann gefährlich sein, da darin Keime enthalten sein könnten. Eine Fallstudie der University of California aus dem Jahr 2015 zeigte etwa, dass sich bereits bestehende Akne erheblich verschlimmern kann. Auch ist das Risiko groß, im Wust der Angebote zu toxischen Substanzen zu greifen. In einer weiteren im Jahr 2017 erschienenen Fallstudie aus den USA berichten Ärzte von einer 47-jährigen Frau, die mit einem stark erniedrigten Natriumblutwert in der Klinik eingeliefert wurde – ein lebensbedrohlicher Zustand. Sie hatte als „Cleanse", also als Entgiftung nach den Weihnachtsfeiertagen und Silvester Unmengen an Tees etwa aus Baldrian, Salbei oder grünem Tee getrunken und außerdem Vitamin-B- und Glutamintabletten eingenommen.

Auch Detox-Tees sind nicht ungefährlich, sie können so genannte pflanzliche Sennoside enthalten, die in der Medizin als Abführmittel eingesetzt werden. Französische Behörden entdeckten in Spirulina-Kapseln leberschädigende Cyanotoxine. „Durch Algenprodukte können Allergien und Jodvergiftungen ausgelöst werden", sagt Hans Hauner, Ernährungsmediziner an der TU München. „In der Regel sind Detox-Diäten ziemlicher Unfug, zumal der gesunde Organismus darauf nicht angewiesen ist."

Anhänger von Entschlackungskuren gehen jedoch davon aus, dass der Körper den heutigen Giftattacken nichts entgegensetzen könne. Hintergrundinformationen zu dieser Idee finden sich zum Beispiel beim „Zentrum der Gesundheit", einem intransparenten, unter anderem vom Verbraucherschutz kritisch beäugten Internetportal für Gesundheits- und Ernährungstipps: Gifte und Säuren, so der Text, würden als Salze und Schlacken im Bindegewebe gespeichert. Darum empfehle sich etwa beim Basenfasten eine Art Schonkost mit Obst und Gemüse – denn Fleisch, wie auch Getreide, Hülsenfrüchte und Milchprodukte, würden „übersäuern".

Diese Übersäuerungshypothese stammt aus den 1920er Jahren, als tierisches Eiweiß als das Nonplusultra angesehen wurde. Dagegen hatte sich damals der Biochemiker Ragnar Berg gewendet, weil seiner Meinung nach tierisches Eiweiß dem Körper durch „Säureüberschuss und Schlackenbildung" schade. „Diese Theorie kommt also aus einer Zeit, als man noch wenig über Ernährung wusste", fasst Hauner zusammen. Heute ist klar: Verschiedene Puffersysteme sorgen dafür, dass überschüssige Säuren, die sich bei der Verdauung bilden, entweder über die Lunge abgeatmet oder über die Niere ausgeschieden werden und der pH-Wert im Blut stabil bleibt. Ebenso ist unumstritten, dass die meisten organischen Säuren aus Obst und Gemüse im Stoffwechsel zerlegt werden, wobei basische Mineralien frei werden. Dagegen entstehen Säuren beim Abbau von schwefel- und phosphorhaltigen Verbindungen, wie sie in Fleisch,

Käse, Getreide und Hülsenfrüchten oder Softdrinks vorkommen. Jedoch: „Weder die Existenz von Schlacken im Körper ist nachgewiesen noch die Annahme, dass Säure bildende Lebensmittel den Säure-Basen-Haushalt des Körpers stören", schreiben die DGE-Wissenschaftler. Nur bei Erkrankungen der Niere und der Lunge kann der Körper übersäuern, dann werden allerdings entsprechende Medikamente und keine Basenkost verschrieben. Im Alter arbeiten auch die Nieren nicht mehr so gut, weshalb es bei einer säurereichen Ernährung dann durchaus zu einer schwachen Übersäuerung kommen kann – wodurch sich das Risiko für Osteoporose und Harnsteine leicht erhöht. „Dazu braucht man aber schon eine hohe Eiweißzufuhr, die ältere Menschen meist nicht erreichen und die weit über den empfohlenen 1 bis 1,2 Gramm Eiweiß pro Kilogramm Körpergewicht liegt", so Hauner. Zwar gibt es auch unter Medizinern den einen oder anderen Vertreter, der eine sehr säurehaltige Ernährung für schädlich hält. Einig sind sich jedoch alle, dass eine pflanzenbetonte Mischkost, wie sie die DGE empfiehlt, als gesündeste Variante verschiedenen Volksleiden vorbeugen kann. Der komplette Verzicht auf tierisches Eiweiß und Getreide ist also wenig sinnvoll, und auch eine Trennkost bietet keinen besonderen Schutz gegen Übersäuerung. Dabei ist gegen das Basenfasten prinzipiell erst einmal wenig einzuwenden. Wenn der Körper jedoch über einen längeren Zeitraum kaum Eiweiß bekommt, können jene Leberenzyme, die giftige Stoffe unschädlich machen, nicht mehr gebildet werden. Dann hat der Körper also tatsächlich ein Giftproblem. Bei der DGE kommt man zu dem Fazit: „Weil wichtige Nährstoffe in zu geringen Mengen zugeführt werden könnten, ist langfristiges Basenfasten nicht empfehlenswert."

Fasten nach Buchinger, mit Brötchen oder im Intervall

Auch das Heilfasten nach Buchinger, F.-X.- Mayr-Kuren oder Intervallfasten ist groß in Mode. Die F.-X.-Mayr-Kur ist eine Milch-Semmel-Kur, wobei über mehrere Tage trockene Brötchen langsam zu kauen sind. Dies soll einen gestörten Darm entlasten. Es gibt aber keine Studien dazu. Das jährliche Heilfasten, das meist sieben bis zehn Tage dauert, ist dagegen durchaus sinnvoll: Es lindert laut der DGE etwa rheumatische Schmerzen. Denn beim Fasten werden viele Entzündungsstoffe wie Interleukin-6 herunterreguliert. Belegt seien auch vorteilhafte Effekte des Heilfastens beim metabolischen Syndrom oder bei psychosomatischen Krankheiten. Sicher verliert man auch Pfunde. „Es besteht jedoch eine große Gefahr des Jo-Jo-Effektes", sagt Hauner. Darum ist Heilfasten laut der DGE zum dauerhaften Abnehmen ungeeignet. Auch sollte die Fastenkur unter ärztlicher Aufsicht erfolgen. Denn es können Nebenwirkungen wie Gichtanfälle, Kreislaufkollaps oder Herzrhythmusstörungen vorkommen.

Weniger kritisch ist in dieser Hinsicht das Intervallfasten. Dabei wird entweder täglich abwechselnd gedarbt und gefuttert (Alternate Day Fasting), fünf Tage normal gegessen und zwei Tage sehr kalorienreduziert gespeist (5/2-Fasten) oder an einem Tag 16 h Verzicht geübt und an 8 h Nahrung zugeführt (16/8-Fasten). Doch auch wenn es mittlerweile Belege gibt, dass Intervallfasten bei einigen Abnehmwilligen als Diät taugt, sind andere vollmundig propagierte Auswirkungen auf Herzkrankheiten, Alzheimer oder Krebs bislang nicht ausreichend in Humanstudien nachgewiesen worden. Eine Gefahr ist etwa, dass man in den Essphasen nur Fastfood in sich hineinstopft. Und das ist auf Dauer sicher ungesund. Bei der DGE hält man daher das Intervallfasten für nicht sinnvoll.

Regelmäßiger Nahrungsverzicht senkte allerdings in Tierstudien und kleineren Humanstudien tatsächlich die Cholesterin- und Blutzuckerwerte, programmierte das Immunsystem neu oder schützte vor Depressionen sowie Demenz. Neuere Studien zeigten auch, dass sich sogar die Verträglichkeit von Chemotherapeutika verbesserte. Auch wenn dies Hoffnung gibt, raten Ärzte in diesem Fall von voreiligen Fastenkuren noch ab. Auf der Website des Deutsche Krebsforschungszentrums liest man etwa: „Derzeit ist es zu früh, um Aussagen über eine mögliche Wirkung und den Stellenwert des Kurzzeitfastens unter Chemotherapie zu machen." Zumal eine Mangelernährung bei Tumorerkrankungen die Prognose verschlechtern kann.

Aus: Spektrum – Die Woche 15/2019

Literatur

Caccialanza R et al (2018) To fast, or not to fast before chemotherapy, that is the question. BMC Cancer 18:337

Klein AV, Kiat H (2015) Detox diets for toxin elimination and weight management: a critical review of the evidence. J Hum Nutr Diet 28(6):675–686

Mattson MP (2017) Impact of intermittent fasting on health and disease processes. Ageing Res Rev 39:46–58

Totri C et al (2015) Kids These Days: Urine as a Home Remedy for Acne Vulgaris? J Clin Aesthet Dermatol 8(10):47–48

Toovey OTR et al (2016) Acute severe hyponatraemia secondary to polydipsia and associated herbal remedy useCase Reports 2016;bcr2016216348

Varady KA (2009) Short-term modified alternate-day fasting: a novel dietary strategy for weight loss and cardioprotection in obese adults. Am J Clin Nutr 90(5):1138–1143

Kathrin Burger lebt und arbeitet als Freie Wissenschafts-journalistin in München. Sie hat Ökotrophologie studiert und einige Bücher zum Thema Ernährung publiziert.

Herzkrankheiten: Helfen uns Vitaminpillen und Co?

Kathrin Burger

Immer wieder werden Nahrungsergänzungsmittel als Herzschutz propagiert. Aber sind sie wirklich sinnvoll?

Eigentlich stecken in einer halbwegs ausgewogenen Ernährung alle Nährstoffe, die man braucht, um gesund zu bleiben. Trotzdem schwört jeder dritte Bundesbürger auf zusätzliche Vitamine und Mineralstoffe in Tablettenform. Beliebt sind vor allem Magnesium und Vitamin C, E sowie B-Vitamine. Den Tabletten wird zugesprochen, sportliche Leistungen zu verbessern. Viele Konsumenten nehmen Tabletten aber auch ein, um sich gesund zu erhalten, zum Beispiel um Herzkrankheiten vorzubeugen. Schließlich sind Herzinfarkt, plötzlicher Herztod oder Schlaganfall mit rund 40 % der Sterbefälle die häufigste

K. Burger (✉)
München, Deutschland

© Springer-Verlag GmbH Deutschland, ein Teil von Springer Nature 2020
K. Burger (Hrsg.), *Super-Food für Wissenshungrige!*,
https://doi.org/10.1007/978-3-662-61464-8_15

Todesursache. Und auf zahlreichen Internetseiten werden Vitaminpillen als wahrer Gesundbrunnen für das Herz propagiert. Doch leider ist das Bauernfängerei, wissenschaftliche Fakten stützen diese Versprechen jedenfalls nicht.

Vor rund 20 Jahren wurden gegen Leiden wie die koronare Herzkrankheit so genannte „antioxidative Vitamine" wie Vitamin A, C oder E empfohlen, teilweise auch unterstützt von Wissenschaftlern. Diese könnten freie Radikale im Körper binden, die bei der Entstehung von Herzkrankheiten eine Rolle spielen, so lautete die Theorie.

Zahlreiche Studien, vor allem in den 1990er und 2000er Jahren, konnten jedoch belegen, dass diese Annahme falsch ist. Antioxidanzien in Pillenform verhindern keine Herzleiden, denn der Körper hat seine eigenen Abwehrmechanismen, mit Radikalen umzugehen. Heute wird immer klarer, dass freie Radikale auch Signalmoleküle darstellen, deren künstliche Unterdrückung mehr schadet als nutzt. In manchen Vitaminstudien waren gar erhöhte Krebsraten aufgetreten.

Vitamin C ist zumindest ungefährlich – aber wirkungslos

Mediziner wie Dariush Mozaffarian, Epidemiologe an der Tufts University, raten daher vor allem von der Extraportion fettlöslicher Vitamine wie Vitamin A und E in Tablettenform ab. Das wasserlösliche Vitamin C scheint dagegen zumindest ungefährlich zu sein – aber wirkt eben auch nicht vorbeugend gegen Herzkrankheiten, wie eine Cochrane-Analyse 2017 belegte. Und das, obwohl es mittlerweile acht gut gemachte Interventionsstudien dazu gibt.

Doch heute werden andere Mikronährstoffe als wahre Wundermittel angesehen. So sollen etwa Vitamin D, Vitamin K und Folsäure oder Omega-3-Fettsäuren die Gefäße flexibel und den Cholesterinspiegel niedrig halten. Was ist da dran?

Vitamin D ist derzeit der Superstar in der Vitaminszene. Schließlich geht ein niedriger Vitamin-D-Spiegel im Blut mit einem höheren Risiko für Herzleiden einher. Mediziner kennen auch den Mechanismus: Denn es finden sich überall im Gefäßsystem verstreut Vitamin-D-Rezeptoren. Bindet das Vitamin etwa an das Antennenmolekül in den weichen Muskelzellen der Gefäße, wird deren Wachstum und Vermehrung unterbunden, was als herzschützend gilt. Zudem wirkt Vitamin D gegen Entzündungen, und entzündlichen Prozessen wird bei der Entstehung von Herzkrankheiten eine entscheidende Rolle zugewiesen.

Vitamin D hilft – vielleicht

Trotzdem ließ sich bei Interventionsstudien, bei denen Probanden Vitamin D als Tablette über einen längeren Zeitraum einnahmen, das Risiko für Herzkrankheiten nicht senken. Es gab laut einer europäischen Studie unter Leitung des Endokrinologen Lars Rejnmark vom Universitätskrankenhaus Aarhus aus dem Jahr 2017 bereits sieben Metaanalysen zu dem Thema – keine zeigte Wirkung, die Vitamin-D-Einnahme war aber auch nicht schädlich. Allerdings wurde in den Studien bislang nicht zwischen Probanden unterschieden, die niedrige Spiegel hatten, und solchen, die gut versorgt waren. Möglicherweise könnten von Extragaben also Menschen mit einer schlechten Versorgung durchaus profitieren. Vitamin D steckt übrigens kaum in der Nahrung – Ausnahme ist fetter Seefisch –, sondern wird vor allem mit Hilfe von Sonnenstrahlen in der Haut gebildet.

Ein weiterer Hoffnungsträger ist Vitamin K. Auch hier wurden Mediziner darauf aufmerksam, dass niedrige Vitamin-K-Spiegel mit mehr tödlichen Herzkrankheiten in Verbindung standen. Und auch hier gibt es plausible biologische Mechanismen: Vitamin K2, vor allem in der so genannten MK-7-Form, ist ein Mitspieler, wenn es darum geht, ein Eiweiß zu aktivieren, das Gefäße vor Verkalkung schützt.

Allerdings ist die Sache kompliziert, da Vitamin K als Vitamin K1 (Phylloquinon, vor allem in Blattgemüse) und als Vitamin K2 (Menaquinon, vor allem in fermentierten Produkten wie Natto, Sauerkraut und vollfetten Milchprodukten) vorkommt.

Doch solch eine Unterscheidung wurde bislang in den meisten Studien bei der Analyse des Speiseplans nicht vorgenommen. Trotzdem gibt es einige Beobachtungsstudien, die einen Zusammenhang zwischen der Vitamin-K2-Aufnahme durch Lebensmittel und dem Risiko für Herzkrankheiten fanden. In der europäischen EPIC-Studie ging eine Erhöhung von je zehn Mikrogramm Vitamin K2 mit einem reduzierten Risiko für die koronare Herzkrankheit um immerhin 9 % einher.

Vitamin K kann auch schädlich sein

Einzelne Interventionsstudien mit Vitamin-K2-Tabletten gibt es bereits. Dabei verringerte sich etwa der Verkalkungsgrad der Halsschlagader. Bislang sind die Studien aber nur kurz gewesen oder mit wenigen Probanden durchgeführt worden. „Deswegen reicht die Studienlage für Empfehlungen im Sinne einer prophylaktischen Einnahme von Nahrungsergänzungsmitteln nicht aus", schreibt Alexandra Schek in der Fachzeitschrift „Ernährungsumschau". Zudem könnten Vitamin-K2-Tabletten schädlich sein, und zwar, wenn gleichzeitig Vitamin-K-Antagonisten als Blutverdünner eingenommen werden.

Auch das B-Vitamin Folsäure galt bis vor Kurzem als möglicher Schutz vor Herzinfarkt, darum wurden Folsäuretabletten sogar von ärztlicher Seite empfohlen. Denn: Folsäure senkt den Homocysteinspiegel im Blut, und das galt als günstig für das Herz, da hohe Homocysteinspiegel mit einer erhöhten Rate an Herzinfarkt, Schlaganfällen und Durchblutungsstörungen einhergehen. Allerdings konnten auch hier klinische Studien keine Fakten liefern. Folsäurepräparate senken zwar das Homocystein im Blut, feien gesunde Erwachsene jedoch nicht gegen Herzleiden, das hat eine Neuauswertung aller Studien durch Harvard-Wissenschaftler im Jahr 2016 nochmals gezeigt. Folsäuretabletten werden darum laut der Deutschen Herzstiftung nicht mehr empfohlen.

Mittlerweile wird angenommen, dass ein hoher Homocysteinspiegel eher die Folge anderer Herzinfarktrisikofaktoren ist und damit eine Art Warnsignal darstellt. Harald Klepzig von der Deutschen Herzstiftung gibt zu bedenken: „Ein Risiko, durch Folsäuretabletten etwa Tumore zu fördern, kann auf Grund bisheriger Studien zumindest nicht mit ausreichender Sicherheit ausgeschlossen werden."

Omega-3-Fettsäuren kein Favorit mehr

Andere, lange Zeit favorisierte Kandidaten waren etwa die langkettigen Omega-3-Fettsäuren DHA und EPA, die in großen Mengen nur in Fischfett vorkommen. Schließlich waren die Ureinwohner Grönlands, die Inuit, durch ihre extrem niedrigen Raten an Herzkrankheiten aufgefallen.

Das wurde ihrer Ernährungsweise zugeschrieben, die vor allem aus Robbenfleisch und fettem Fisch besteht. Tatsächlich senken Fischölkapseln Triglyceridwerte im Blut und Entzündungsmarker. Allerdings konnten sie sich bis dato in keiner Interventionsstudie als wirksam gegen Herzkrankheiten erweisen. Das belegt eine Position der Amerikanischen Herzgesellschaft (AHA) aus dem Jahr 2017 sowie eine aktuelle Metastudie der Universität Oxford. Trotzdem werden Omega-3-Fettsäuren in der so genannten Sekundärprävention zumindest in den USA empfohlen. Denn: Menschen, die bereits einen Herzinfarkt erlitten haben, an koronarer Herzkrankheit oder Angina pectoris leiden, können durch Omega-3-Tabletten ihr Risiko reduzieren, einen tödlichen Vorfall zu haben, davon sind die US-Kardiologen überzeugt. Hier zu Lande wird jedoch die Beweislage anders eingeschätzt. Es gibt seit etwa sechs Jahren keine Empfehlung mehr, Herzpatienten Fischölkapseln zu verschreiben.

Hans Hauner, Ernährungsmediziner an der TU München, meint: „Das hat sich in Luft aufgelöst." Auch die aktuelle britische Studie fand keine Vorteile für bereits Erkrankte. „Die Tabletten schaden aber auch nicht", so Hauner.

Eine mögliche Gefahr geht dagegen von Nahrungsergänzungsmitteln aus, die gar nicht gegen Herzleiden, sondern gegen Osteoporose eingenommen werden. Die Rede ist von Kalziumtabletten. Sie stehen im Verdacht, das Risiko für Herzkrankheiten sogar zu erhöhen, vor allem wenn die Nahrung bereits viel Kalzium liefert. So hat etwa im Jahr 2013 eine Auswertung der Swedish Mammography Cohort ergeben, dass diejenigen Frauen, die am meisten von dem Knochenmineral mit Nahrung und Tabletten zu sich nahmen, ein doppelt so hohes Risiko hatten, einen tödlichen Herzinfarkt zu erleiden, wie Frauen, die wenig Kalziumhaltiges aßen und auch keine Pillen einnahmen.

Einfach gesund essen

Heute werden gesunden Menschen also keine Vitamin- oder Omega-3-Kapseln oder andere Nahrungsergänzungsmittel wie Resveratrol zur Vorbeugung von Herzkrankheiten empfohlen; das Geld kann man sich getrost sparen. Dagegen kann eine gesunde Ernährung viel für das Herz leisten. Gesund soll etwa eine mediterrane Ernährungsweise mit reichlich Olivenöl, Nüssen, Gemüse,

Obst und wenig Fleisch sein, das hat unter anderem die spanische Predimed-Studie mit rund 7450 Teilnehmern im Jahr 2013 belegt. Eine fettreiche Mittelmeerkost entweder mit Olivenöl oder Nüssen führte zu einer Risikoreduktion für schwere Herz-Kreislauf-Ereignisse wie Schlaganfall oder Herzinfarkt um jeweils 30 % im Vergleich zur Kontrollgruppe. Eine spätere Auswertung der Studie zeigte auch, dass eine fettreiche mediterrane Diät gegen die arterielle Verschlusskrankheit feit.

Zudem empfiehlt die Deutsche Gesellschaft für Ernährung (DGE), mindestens einmal pro Woche fetten Seefisch zu essen. Denn dies schütze ebenfalls das Herz. Wer keinen Fisch mag, muss aber nicht zu Fischölkapseln greifen, wie das oft suggeriert wird. Denn auch die ovolaktovegetarische Ernährungsweise mit Milchprodukten und Eiern senkt das Risiko etwa für die koronare Herzkrankheit um 30 %, wie ein aktueller Übersichtsartikel zeigt.

Eine besonders verführerische Variante scheint der Verzehr von Bitterschokolade zu sein: Studien wie die EPIC-Studie hatten bei Schokoladenessern eine bis zu 40-prozentige Risikominderung für Herzinfarkt und Schlaganfall berechnet. Der Hintergrund: Vor allem Bitterschokolade enthält herzschützende Flavonoide. Bei der Deutschen Herzstiftung rät man auch nicht gänzlich vom Schokoladengenuss ab: „Sie sollte aber nur in

Maßen gegessen werden, da Schokolade fettreich ist, und das erhöht bei einem hohen Verzehr das Risiko für Übergewicht", so Helmut Gohlke von der Deutschen Herzstiftung. Und Übergewicht ist einer der größten Risikofaktoren für Herz-Kreislauf-Erkrankungen.

Aus: Spektrum – Die Woche, 28/2018.

Literatur

American Heart Association (2017) Omega-3 Polyunsaturated Fatty Acid (Fish Oil) Supplementation and the Prevention of Clinical Cardiovascular Disease. A Science Advisory From the American Heart Association. Circulation 135

Al-Khudairy L (2017) Vitamin C supplementation for the primary prevention of cardiovascular disease. Cochrane Database Syst Rev 16;3

Bonaccio M et al (2017) Fish intake is associated with lower cardiovascular risk in a Mediterranean population: Prospective results from the Moli-sani study. Nutr Metab Cardiovasc Dis 27(10):865–873

Estruch R (2013) Primary Prevention of Cardiovascular Disease with a Mediterranean Diet. N Engl J Med 368:1279–1290

Gast GC (2009) A high menaquinone intake reduces the incidence of coronary heart disease. Nutr Metab Cardiovasc Dis 19(7):504–510

Michaëlsson K (2013) Long term calcium intake and rates of all cause and cardiovascular mortality: community based prospective longitudinal cohort study BMJ 346:f228

Mozaffarian D (2016) Dietary and Policy Priorities for Cardiovascular Disease, Diabetes, and Obesity – A Comprehensive Review. Circulation 133(2):187–225

Rejnmark L (2017) Non-skeletal health effects of vitamin D supplementation: A systematic review on findings from meta-analyses summarizing trial data. PLoS ONE 12(7):e0180512

Schek, A (2017) Vitamin K – ein Update. Ernährungsumschau 64(12):174–180.e44–e45

Theingi Aung et al (2018) Associations of Omega-3 Fatty Acid Supplement Use With Cardiovascular Disease Risks: Meta-analysis of 10 Trials Involving 77 917 Individuals. JAMA Cardiology 3(3)

Yanping Li et al (2016) Folic Acid Supplementation and the Risk of Cardiovascular Diseases: A Meta-Analysis of Randomized Controlled Trials. J Am Heart Assoc 5(8):pii: e003768

Kathrin Burger lebt und arbeitet als Freie Wissenschaftsjournalistin in München. Sie hat Ökotrophologie studiert und einige Bücher zum Thema Ernährung publiziert.

Nahrungsergänzungsmittel: Entzauberte Antioxidanzien

Melinda Wenner Moyer

Oxidativer Stress fördert Alterungsprozesse in Zellen und Geweben, Vitamine wirken ihm entgegen und halten so die Alterung auf – diese These klingt einleuchtend und wurde lange kaum hinterfragt. Nun gerät sie ins Wanken.

Vor zehn Jahren geriet das Leben von David Gems völlig aus den Fugen. Schuld daran waren ein paar Würmer, die gegen jede Erwartung weiterlebten, obwohl sie eigentlich hätten sterben sollen. Gems, stellvertretender Direktor am Institute of Healthy Aging des University College London, führt regelmäßig Experimente mit Fadenwürmern durch. Die Tiere gehören zur Spezies Caenorhabditis elegans, an der viele Forscher Alterungsprozesse untersuchen. Gems

M. W. Moyer (✉)
Hudson Valley, New York, USA

© Springer-Verlag GmbH Deutschland, ein Teil von Springer Nature 2020
K. Burger (Hrsg.), *Super-Food für Wissenshungrige!*,
https://doi.org/10.1007/978-3-662-61464-8_16

prüfte die Hypothese, dass Lebewesen vor allem deshalb altern, weil ihre Zellen oxidationsbedingte Schäden anhäufen. Eine Oxidation liegt dann vor, wenn reaktionsfreudige Atome oder Moleküle, etwa freie Radikale, anderen Molekülen Elektronen entziehen. Gems nahm an, ungezügelte Oxidationsprozesse würden im Lauf der Zeit immer mehr Lipide, Proteine, DNA-Abschnitte und andere Zellbestandteile schädigen, was die Funktionen der Gewebe, Organe und schließlich des ganzen Körpers zunehmend in Mitleidenschaft ziehe.

Der Forscher veränderte das Genom von Fadenwürmern so, dass die Tiere bestimmte Moleküle nicht mehr herstellen konnten – nämlich Enzyme, die als natürliche Antioxidanzien wirken, indem sie freie Radikale inaktivieren. In Abwesenheit dieser Enzyme steigt die Konzentration freier Radikale stark an, was einen deutlich erhöhten oxidativen Stress mit sich bringt. Die so manipulierten Fadenwürmer hätten deshalb früher sterben müssen. Das trat jedoch nicht ein: Sie lebten genauso lang wie normale Würmer. Gems war verblüfft. „Ich sagte mir, das kann einfach nicht stimmen", erinnert er sich, „allem Anschein nach war bei dem Experiment etwas schiefgegangen." Er bat einen Kollegen, die Ergebnisse zu prüfen und das Experiment zu wiederholen. Heraus kam das Gleiche: Die genetisch modifizierten Würmer starben nicht früher als ihre normalen Artgenossen – trotz stärker ausgeprägter, oxidationsbedingter Zell- und Gewebeschäden.

Inzwischen liegen ähnliche Ergebnisse auch von anderen Forschergruppen und Versuchstierarten vor. Arlan Richardson, Direktor am Barshop Institute for Longevity and Aging Studies der University of Texas in San Antonio, erzeugte 18 verschiedene Mäusestämme, von denen einige vermehrt antioxidative Enzyme produzierten, andere hingegen vermindert. Wären oxidative Schäden wirklich eine wichtige Ursache des Alterns, dann müssten

Mäuse mit mehr antioxidativen Enzymen länger leben als solche, denen es daran mangelt. „Doch als ich die Überlebenskurven der verschiedenen Stämme miteinander verglich, fand ich nicht den geringsten Unterschied", erzählt Richardson.

Ebenfalls an der University of Texas arbeitet die Physiologin Rochelle Buffenstein. Sie versucht herauszufinden, warum das langlebigste Nagetier, der Nacktmull, bis zu 30 Jahre alt wird und damit ungefähr achtmal so lange lebt wie eine etwa gleich große Maus. Buffensteins Experimente ergaben, dass Nacktmulle über weniger natürliche Antioxidanzien verfügen als Mäuse und schon früh in ihrem Leben mehr oxidative Schäden im Gewebe anhäufen als andere Nagetiere. Trotzdem erreichen sie ihr vergleichsweise sehr hohes Alter und werden fast nie krank.

Wer die These vertritt, Altern beruhe auf oxidativen Zell- und Gewebeschäden, für den grenzen solche Berichte an Häresie. Doch sie häufen sich. In den zurückliegenden zehn Jahren haben Forscher zahlreiche Experimente durchgeführt, um zu beweisen, dass oxidativer Stress den Alterungsprozess vorantreibt. Zu ihrer Überraschung beobachteten viele das Gegenteil. Es scheint so, dass reaktionsfreudige Atome und Moleküle in bestimmten Mengen und unter bestimmten Umständen keineswegs gefährlich sind, sondern vielmehr gesundheitsfördernd, indem sie körpereigene Schutzmechanismen in Gang setzen. Falls das zutrifft, müssen nicht nur Strategien gegen das Altern neu durchdacht werden. Es stellt sich dann auch die Frage, ob es sinnvoll ist, antioxidativ wirkende Vitamine in hohen Dosen als Nahrungsergänzungsmittel einzunehmen. Altern ist augenscheinlich ein komplizierterer Vorgang, als Forscher bisher annahmen. Die Vorstellung davon, was er auf molekularer Ebene bedeutet, muss offenbar grundsätzlich revidiert werden.

Die These, dem Altern liege eine Ansammlung oxidationsbedingter Schäden zu Grunde, geht zurück auf den amerikanischen Biogerontologen Denham Harman. Es wird erzählt, seine Frau habe ihn 1945 auf einen Artikel in der Frauenzeitschrift „Ladies' Home Journal" hingewiesen. Dieser handelte von möglichen Ursachen des Alterns. Harman las den Beitrag und war fasziniert. Der damals 29-Jährige arbeitete als Chemiker in der Entwicklungsabteilung des Mineralölkonzerns Shell und hatte zunächst nicht viel Zeit, über das Thema nachzudenken. Doch später studierte er Medizin, schloss eine Arztausbildung ab und nahm eine Stelle als wissenschaftlicher Mitarbeiter an der University of California, Berkeley, an. Dort begann er sich ernsthaft mit Alternsforschung zu beschäftigen. Eines Morgens im Büro hatte er eine Eingebung, „geradezu aus heiterem Himmel", wie er sich 2003 in einem Interview erinnerte: Freie Radikale seien es, die Alterungsprozesse vorantrieben.

Auf einen Blick

EINES BESSEREN BELEHRT

1. Jahrzehntelang gingen Forscher davon aus, dass reaktions freudige Atome und Moleküle – etwa freie Radikale – Alterungsprozesse vorantreiben, indem sie Zellen schädigen und damit die Funktionen von Geweben und Organen beeinträchtigen.
2. Laut neuen Experimenten an Mäusen und Fadenwürmern scheint jedoch ein erhöhter Spiegel an bestimmten freien Radikalen das Leben zu verlängern. Offenbar aktivieren diese reaktionsfreudigen Spezies zelluläre Reparatursysteme.
3. Demnach könnte die Zufuhr von Vitaminen oder anderen Nahrungsergänzungsmitteln womöglich mehr schaden als nützen – zumindest bei gesunden Menschen.

Strahlenkrankheit und Alter

Obwohl noch niemand zuvor diesen Gedanken geäußert hatte, schien er Harman plausibel. Zum einen wusste er, dass ionisierende Strahlung aus Röntgenröhren oder Atombomben freie Radikale im menschlichen Körper erzeugt. Damaligen Studien zufolge verminderte das Zuführen von Antioxidanzien über die Nahrung die krank machende Wirkung der Strahlen. Daraus schlossen viele Forscher – zutreffend, wie sich später herausstellte –, reaktionsfreudige Spezies würden die Strahlenschäden im Körper mit verursachen. Zudem war bekannt, dass freie Radikale als Nebenprodukte der Atmung und des Stoffwechsels anfallen und sich mit der Zeit im Körper anhäufen. Da sowohl die Konzentration freier Radikale als auch Zellschäden mit dem Alter zunehmen, vermutete Harman, Ersteres würde Letzteres verursachen und sei damit der Grund für das Altern. Antioxidanzien, so seine Schlussfolgerung, sollten den Prozess verlangsamen können.

Harman begann, seine Hypothese zu prüfen. In einem seiner ersten Experimente verabreichte er Mäusen Antioxidanzien, woraufhin diese länger lebten. In hoher Dosierung wirkten die Substanzen allerdings schädlich. Schon bald führten auch andere Forscher entsprechende Versuche durch. 1969 entdeckten Wissenschaftler an der Duke University in Durham (USA) das erste antioxidativ wirkende Enzym, das im menschlichen Körper hergestellt wird, die Superoxid-Dismutase. Die Wissenschaftler spekulierten, das Enzym habe sich in der Evolution durchgesetzt, da es den schädlichen Effekten freier Radikale entgegenwirke. Die meisten Biologen fanden das einleuchtend. „Für uns Alternsforscher ist diese These mittlerweile selbstverständlich", sagt Gems, „man findet sie in jedem Lehrbuch, und praktisch jeder einschlägige Fachartikel verweist direkt oder indirekt auf sie."

Schädliche Vitamine

Epidemiologische Untersuchungen zeigen, dass Menschen, die viel Obst und Gemüse essen, länger leben und seltener an Krebs erkranken als Menschen, die weit gehend auf pflanzliche Kost verzichten. Da Obst und Gemüse oft reich an Vitaminen und anderen Antioxidanzien sind, schien die Annahme plausibel, dass die zusätzliche Einnahme von Antioxidanzien die Gesundheit fördern müsse. Doch die Ergebnisse der qualitativ besten einschlägigen Studien bestätigen diese Vermutung nicht. Im Gegenteil: Die wissenschaftlichen Daten zeigen, dass Menschen, die bestimmte Nahrungsergänzungsmittel einnehmen, sogar häufiger schwer erkranken – etwa an Lungenkrebs oder Herzkrankheiten.

Die zusätzliche Einnahme bestimmter Vitamine könnte das Leben verkürzen

Im Jahr 2007 analysierten Forscher 68 der wissenschaftlich sorgfältigsten Studien zur Vitamineinnahme. Die Auswertung der 47 verlässlichsten Untersuchungen ergab, dass das Risiko eines frühen Todes bei den Teilnehmern, die ergänzend Vitamine eingenommen hatten, um 5 % erhöht war. Weitere Analysen zeigten, dass besonders Betacarotin, Vitamin A und Vitamin E das Sterberisiko vergrößert hatten.

Frühe Hinweise auf den Schaden durch Antioxidanzien

Eine Studie aus dem Jahr 1996, an der etwa 18.000 Männer und Frauen teilnahmen, lieferte ein unerwartetes Ergebnis. Unter den Teilnehmern, die regelmäßig Betacarotin und Vitamin A1 einnahmen, traten 28 % mehr Fälle von Lungenkrebs und 17 % mehr Todesfälle auf als in der Kontrollgruppe. Dieser Befund zeichnete sich bereits 18 Monate nach Beginn der Studie ab, besonders bei starken Rauchern. Die deutlichste Erhöhung des Lungenkrebsrisikos war bei Rauchern zu verzeichnen, die Antioxidanzien einnahmen und mit Asbest in Kontakt gekommen waren, einer bekanntlich stark krebserregenden Substanz.

Manche Wissenschaftler hatten allerdings Mühe, Harmans Befunde zu reproduzieren. Schon in den 1970er Jahren konstatierten einige, es gebe keine belastbaren Beweise dafür, dass sich die Zufuhr von Antioxidanzien tatsächlich auf die Lebensdauer auswirkt. Allerdings wurden die Experimente damals auch oft unter schlecht kontrollierten Bedingungen durchgeführt, so Richardson. Manchmal sei beispielsweise nicht klar gewesen, ob die Versuchstiere die Nahrungszusätze überhaupt richtig aufnehmen konnten.

Fortschritte in der Gentechnik erlaubten den Forschern ab den 1990er Jahren, die Effekte von Antioxidanzien präziser zu untersuchen. Mittels genetischer Manipulation veränderten sie die Fähigkeit der Versuchstiere, antioxidativ wirkende Enzyme zu bilden. Bei Versuchen an so modifizierten Mäusen beobachtete Richardson immer wieder, dass die Konzentration der im Körper zirkulierenden freien Radikale – und somit das Ausmaß oxidativer Schäden – keinen Einfluss auf die Lebensdauer hatte.

Kürzer leben dank Vitamin C

Zu ähnlichen Ergebnissen kam vor einigen Jahren der Biologe Siegfried Hekimi von der McGill University in Montreal (Kanada). Er veränderte das Genom von Faden-würmern so, dass die Tiere überdurchschnittlich viele Superoxide bildeten – reaktionsfreudige chemische Verbindungen. Seine Erwartung: Die modifizierten Würmer würden früher sterben als gewöhnlich. „Ich hoffte, wir könnten mit Hilfe dieser Tiere endlich beweisen, dass oxidativer Stress der Grund für das Altern ist", sagt

Hekimi. Doch völlig unerwartet beobachtete er, dass die durchschnittliche Lebensdauer der manipulierten Fadenwürmer um 32 % höher lag als bei normalen Artgenossen. Noch verblüffender: Wenn er den genetisch modifizierten Tieren das Antioxidans Vitamin C verabreichte, büßten sie ihren Zugewinn an Lebenszeit wieder ein. Hekimi vermutet, dass die Superoxide nicht zerstörerisch wirken, sondern ein Schutzsignal vermitteln – sie rufen die gesteigerte Expression von Genen hervor, deren Produkte dazu beitragen, Zellschäden zu reparieren.

In einem Folgeexperiment setzte Hekimi normale Fadenwürmer geringen Konzentrationen eines Unkrautbekämpfungsmittels aus, das bei Tieren und Pflanzen den Spiegel freier Radikale in die Höhe treibt. Das Ergebnis scheint dem gesunden Menschenverstand zu widersprechen: Die mit dem Giftstoff konfrontierten Würmer lebten um durchschnittlich 58 % länger als unbehandelte Tiere. Abermals minderten Antioxidanzien den lebensverlängernden Effekt des Pflanzengifts. Im zurückliegenden Jahr schließlich zeigten er und seine Kollegen, dass das Abschalten aller fünf Gene, die für Superoxid-Dismutase-Enzyme kodieren, keinen Effekt auf die Lebensdauer der Würmer hat.

Ist also die Rolle von freien Radikalen bislang völlig falsch eingeschätzt worden? Für Simon Melov, Biochemiker am Buck Institute for Research on Aging in Novato (Kalifornien), ist die Sachlage komplizierter. Reaktionsfreudige Atome und Moleküle seien wahrscheinlich unter bestimmten Bedingungen nützlich und unter anderen schädlich. Oxidative Schäden in größerem Ausmaß erhöhten unbestreitbar das Risiko für Krebs und Organschäden. Zudem dürften sie einige chronische Erkrankungen, etwa des Herzens, mit verursachen.

Forscher der University of Washington in Seattle haben des Weiteren gezeigt, dass Mäuse länger leben, wenn sie infolge genetischer Manipulationen überdurchschnittlich viel Katalase bilden – ein antioxidativ wirkendes Enzym. Oxidativer Stress trägt laut Melov unter bestimmten Umständen zu Alterungsprozessen bei, ist aber nicht die alleinige Ursache dafür. Demzufolge ließe sich diesen Prozessen auch nicht mit einem einzigen Behandlungsverfahren entgegenwirken.

Wenn sich reaktionsfreudige Spezies mit steigendem Alter anhäufen, das Älterwerden jedoch nicht verursachen, welche Effekte bewirken sie dann? Darüber können die Forscher im Wesentlichen nur spekulieren. „Sie sind ein Teil der Körperabwehr", vermutet Hekimi. Freie Radikale könnten etwa als Reaktion auf Zellschäden produziert werden, um körpereigene Reparaturmechanismen in Gang zu setzen. In diesem Fall wäre ihre Anhäufung eine Folge von altersbedingten Zellschäden – nicht deren Ursache. In zu hoher Konzentration, so Hekimi, könnten die reaktionsfreudigen Spezies jedoch ihrerseits zerstörerisch wirken.

Möglich ist auch, dass sie den Körper auf einem konstanten Stresspegel halten, den er laufend kompensieren muss – wodurch er besser in der Lage sein könnte, akuten Stress zu bewältigen. Im Jahr 2002 behandelten Wissenschaftler der University of Colorado in Boulder (USA) Fadenwürmer kurzzeitig mit Wärme oder mit Chemikalien, welche die Bildung freier Radikale im Körper der Tiere ankurbelten. Wie die Forscher feststellten, ertüchtigt diese vorübergehende Stresseinwirkung die Würmer darin, nachfolgende größere Belastungen zu überstehen. Zudem stieg die mittlere Lebensdauer der Tiere um 20 %. Allerdings untersuchten die Forscher nicht, ob die Behandlungen das Ausmaß oxidativer Schäden erhöhten.

Weitere Hinweise lieferten Forscher der University of California in San Francisco und der Pohang University of Science and Technology in Südkorea im Jahr 2010. Sie beobachteten, dass bestimmte freie Radikale das HIF-1-Gen aktivieren. Es schaltet seinerseits weitere Gene ein, die an der Reparatur von Zellschäden beteiligt sind, darunter eines, das DNA-Defekte beseitigen hilft.

Wenn Stress gesund hält

Freie Radikale könnten auch die Ursache dafür sein, dass körperliche Bewegung die Gesundheit fördert. Lange Zeit hieß es, Sport sei gut für uns, obwohl er einen erhöhten oxidativen Stress mit sich bringt. Doch anscheinend müssen wir das Wort „obwohl" durch „weil" ersetzen. Vor mehreren Jahren veröffentlichten Forscher um Michael Ristow, Professor für Ernährungswissenschaften an der Friedrich-Schiller-Universität Jena, eine Studie, in der sie die physiologischen Profile zweier Gruppen von Sportlern verglichen: solche, die Antioxidanzien einnahmen, und solche, die das nicht taten. Konsistent mit den Beobachtungen, die Richardsons Arbeitsgruppe an Mäusen gemacht hatte, stellte Ristow fest, dass die Sportler, die keine Vitamine einnahmen, gesünder waren. Sie wiesen unter anderem weniger Anzeichen dafür auf, dass sie später einmal Typ-2-Diabetes entwickeln könnten.

In eine ähnliche Richtung deuten Arbeiten der Mikrobiologin Beth Levine von der University of Texas in Dallas (USA). Die Forscherin fand heraus, dass körperliches Training den biologischen Prozess der Autophagie fördert. Er dient Zellen dazu, Bruchstücke von Proteinen und anderen Zellbestandteilen wiederzuverwerten. Dabei werden die Altmoleküle mit Hilfe freier Radikale zerlegt. Allerdings sind die Zusammenhänge kompliziert: Levines Untersuchungen zeigen, dass mit steigender Autophagie-Intensität die Gesamtkonzentration an freien Radikalen sinkt. Dies deutet darauf hin, dass freie Radikale sehr verschiedene Effekte ausüben können, je nach ihrer Sorte, Konzentration und dem Zellkompartiment, in dem sie vorliegen, sowie abhängig von der Situation.

Wenn stark oxidierende Spezies nicht immer schädlich sind, dann sind ihre Gegenspieler, die Antioxidanzien, wohl auch nicht immer nützlich. Im Jahr 2007 veröffentlichte das „Journal of the American Medical Association" eine Übersichtsarbeit über 68 klinische Studien. Die Autoren kamen zu dem Schluss, dass die Zufuhr von Antioxidanzien als Nahrungsergänzung nicht das Sterberisiko vermindert. Schlossen die Autoren nur besonders verlässliche Studien in ihre Analyse ein – etwa strenge Blindtests, bei denen die Teilnehmer per Zufall in Gruppen eingeteilt wurden –, kam sogar heraus, dass bestimmte Antioxidanzien das Sterberisiko erhöhen, mitunter um bis zu 16 %.

Mehrere medizinische Fachgesellschaften, unter anderem die American Heart Association und die American Diabetes Association, empfehlen daher, auf die ergänzende Zufuhr von Antioxidanzien zu verzichten – es sei denn, sie geschieht zur Behandlung eines diagnostizierten Vitaminmangels. Auch in Deutschland sehen viele Experten die zusätzliche Einnahme von Vitaminen und Antioxidanzien kritisch. Das Bundesinstitut für Risikobewertung versucht, die Verbraucher mit einheitlichen Höchstmengen vor Überdosierungen zu schützen.

Altern ist offensichtlich ein weitaus komplexeres Phänomen, als Harman es sich vor fast 60 Jahren vorstellte. Gems etwa vertritt die Auffassung, die vorliegenden Daten sprächen für eine neue These, wonach Altern auf der Überaktivität bestimmter Wachstums- und Vermehrungsprozesse beruht. Doch gleichgültig, welche Idee sich am Ende durchsetzt – das unaufhörliche Infragestellen scheinbar sicherer Tatsachen beschert uns nun zwar ungewohnte, dafür aber wohl realistischere Vorstellungen von den Mechanismen des Alterns.

Aus: Spektrum der Wissenschaft spezial Biologie-Medizin-Hirnforschung 1/2016.

Literatur

Gems D, Guardia Y (2013) Alternative perspectives on aging in *Caeno rhabditis elegans*: reactive oxygen species or hyperfunction? Antioxid Redox Signal 19:321–329

National Institutes of Health (2011) Biology of aging: research today for a healthier tomorrow. Biology-Aging. www.nia.nih.gov/health/publication/

Pérez VI et al (2009) Is the oxidative stress theory of ageing dead? Biochem Biophys Acta 1790:1005–1014

Melinda Wenner Moyer arbeitet als Wissenschaftsautorin und unterrichtet an der Graduiertenschule für Journalismus der City University of New York.

Der ungesunde Gesund-Essen-Boom

Kathrin Burger

Ernährung verleiht heute Identität und Orientierung. Wer es jedoch übertreibt, riskiert Mangelerscheinungen. Zudem bleibt der Genuss auf der Strecke.

Kochte Jamie Oliver früher gerne mit viel Öl und Sahne, ist bei seinem neuen „Superfood"-Buch eher Schmalhans Küchenmeister. Anstatt eines Doppeldecker-Sandwiches mit Käse und Kartoffelchips gibt es nun Veggie-Burger mit buntem Salat. Auch sonst wird an Herzhaftem gespart, während Grüngemüse dominiert. Das Buch schwimmt auf einer Welle mit, die zahlreiche Menschen erreicht hat. Diese Menschen meiden seit einiger Zeit etwa Laktose und Gluten, eigentlich vollkommen normale und keineswegs schädliche Substanzen, wenn man gesund ist. Im Trend

K. Burger (✉)
München, Deutschland

© Springer-Verlag GmbH Deutschland, ein Teil von Springer Nature 2020
K. Burger (Hrsg.), *Super-Food für Wissenshungrige!*,
https://doi.org/10.1007/978-3-662-61464-8_17

173

sind auch Rohkost, Veganismus, Steinzeitdiät (Paleo-Diät), Clean-Eating, Makrobiotik, Säure-Basen-Ernährung oder Lichtnahrung. Andere treibt die ständige Angst vor Zusatzstoffen oder Rückständen in den Lebensmitteln um, Fertigprodukte halten sie für Gift.

> ✦ „Man erhofft sich durch eine körpernahe Erlösung Unsterblichkeit – was früher die Religion leistete" – Christoph Klotter.

Zahlreiche Ratgeber, Blogs, soziale Netzwerke und angesagte Speiselokale befeuern diesen „Foodamentalismus" – ein Begriff den Johann Kinzl, Psychosomatiker an der Universität Innsbruck, geprägt hat. Jeder vierte Deutsche lässt bestimmte Nahrungsmittel im Supermarkt liegen, weil man diese nicht vertrage. Für 9 % ist dabei das Weizeneiweiß Gluten der Übeltäter. Auch der Milchzucker Laktose bereitet anscheinend immer mehr Menschen Darmgrummeln: Allein im Jahr 2012 steigerte sich der Absatz an laktosefreien Lebensmitteln um 20 %, obwohl die Anzahl der Laktose-Intoleranten hier zu Lande bei rund 15 % stagniert. Nach einer Studie der Gesellschaft für Konsumforschung (GfK) haben auch rund 80 % der Käufer gar keine Milchzuckerunverträglichkeit, ähnlich sieht es bei glutenfreien Produkten aus. Auch der Umsatz mit veganen Lebensmitteln wächst seit 2010 mit jährlichen Raten von 17 %. Rund ein Prozent der Deutschen isst nichts vom Tier. Dieser Trend ist auch außer Haus zu beobachten: Laut dem Food Report 2015 wünschen sich 60 % der Deutschen vegetarische und 7 % vegane Gerichte in Restaurants.

Dabei ist fraglich, wie gesund dieser Boom tatsächlich ist. Viele vegane und glutenfreie Lebensmittel strotzen beispielsweise vor Zusatzstoffen. Denn: Glutenfreie Produkte schmecken oft nicht und werden darum mit Zucker, Fett und Bindemitteln aufgepeppt. Vegane Fleischersatzprodukte funktionieren meist nur mit Hilfe von Geschmacksverstärkern. Gefährlich wird das Ganze, wenn Milch etwa auch Kleinkindern vorenthalten wird, weil die Eltern sie für ungesund halten. Vegan ernährte Kinder können unter einem Vitamin-B12-Mangel leiden, wenn das Vitamin nicht per Tablette zugeführt wird. Für Erwachsene hingegen kann Veganismus gesund sein, wenn sie sich abwechslungsreich ernähren und dafür sorgen, alle wichtigen Nährstoffe zuzuführen. Die Rohkost gibt es in vielen (etwa auch veganen) Formen, „eine gesundheitliche Bewertung ist daher nicht möglich", schreibt Claus Leitzmann, Ernährungswissenschafter an der Universität Gießen, im Buch „Alternative Ernährungsformen". Da durch das Erhitzen von Nahrung aber zahlreiche Nährstoffe erst verfügbar werden, kann es zu starkem Untergewicht kommen. Bei Frauen, die sich lange Zeit roh ernähren, bleibt oft die Regel aus.

Was wurde in der Steinzeit verzehrt?

Paleo-Anhänger verzichten hingegen auf Getreide und Kartoffeln, da diese vor dem Neolithikum (zirka 10.000 v. Chr.) nicht verfügbar gewesen und unser Körper darum an diese nicht angepasst sei. Allerdings ist nicht ganz klar, was in der Steinzeit tatsächlich verzehrt wurde. Stärkereiche Wurzeln könnten laut neuerer Studien sehr wohl dazugehört haben. Auch Hülsenfrüchte und Milch verabscheuen die Steinzeitköstler, was reichlich kurios ist, gelten doch diese Lebensmittel praktisch jedem

Ernährungswissenschaftler als gesund. Und auch diese Diät kann Probleme bereiten. Schließlich führt man damit dem Körper Unmengen an Eiweiß zu. So isst manch ein Steinzeitköstler die wöchentlich empfohlene Fleischmenge gut und gerne in ein bis zwei Tagen. Allerdings zeigen Humanstudien kurzfristig durchaus positive Effekte etwa auf den Blutzuckerspiegel, einfach weil weder Zucker noch Weißmehl auf den Teller kommt. Langfristige Untersuchungen zur Paleo-Diät gibt es jedoch nicht. Gemäß Beobachtungsstudien erhöht aber ein Übermaß an Schnitzel & Co das Risiko für Krankheiten wie Darmkrebs.

Die Säure-Base-Diät scheint zwar nicht schädlich zu sein, ob sie ihre Anhänger wie versprochen gesünder macht, ist jedoch ebenfalls nicht geklärt. Clean-Eater meiden jegliche Fertigprodukte, versuchen frische Lebensmittel zu verwenden und viel selbst zu kochen, was Ernährungsmediziner sogar begrüßen. Gleiches gilt für die ovolak-tovegetarische Diät, bei der also nur Fleisch gemieden wird.

Gemein ist jedoch allen Ernährungsmoden: Kommt es zu Mangelernährung, zu Haarausfall, häufigen Infekten oder Müdigkeit, sinkt auch das Wohlbefinden. Zudem bergen besonders restriktive Formen auch die Gefahr einer Essstörung. Wenn die Gedanken ständig um das Essen kreisen und „Fehltritte" zu schlechtem Gewissen führen, nennen Psychologen das *Orthorexia nervosa*. „Die Orthorexie ist zwar kein eigenständiges Krankheitsbild, sie kommt aber mit anderen Ess- und Zwangsstörungen oft vergesellschaftet vor", erklärt Christoph Klotter, Ernährungspsychologe an der Hochschule Fulda. Laut Erhebungen der Heinrich-Heine-Universität Düsseldorf zählen rund ein bis drei Prozent der Bevölkerung dazu, vor allem Frauen. „Der Graubereich dürfte jedoch viel größer sein", meint Carl Leibl, Mediziner an der psychosomatischen Schön Klinik Roseneck, wo man sich auf die Behandlung von Essstörungen spezialisiert hat. Klotter spricht gar von einer „essgestörten Gesellschaft".

Gesundheitswahn als Katalysator für die Verzichtkultur?

Aber warum werden vormals gelobte Lebensmittel als massive Bedrohung wahrgenommen? „Über das Essen wird heute die soziale und kulturelle Identität abgeleitet", sagt Klotter. Also: Weil ich anders esse, zum Beispiel vegan, bin ich Fleischessern und sogar Vegetariern moralisch überlegen. Der Philosoph Robert Pfaller von der Kunstuniversität Linz meint: „Diejenigen, die sich dieser Disziplin nicht völlig unterwerfen, stehen als verantwortungslose Hedonisten da." Denn die Maßlosen sind ja diejenigen, die später krank sind und die Sozialkassen belasten, wird gern auch von Medizinern argumentiert. Darum ist es nicht verwunderlich, dass der Gesundheitswahn als Katalysator für die Verzichtkultur fungiert. So üben viele Versicherungen Druck aus, gesund zu leben, sonst drohen Extrazahlungen: Stark Übergewichtige entrichten höhere Beiträge bei Risikolebensversicherungen und können auch nicht verbeamtet werden.

Auch das Wegfallen spiritueller Ordnungssysteme spielt nach der Interpretation mancher Forscher eine Rolle. „Man erhofft sich durch eine körpernahe Erlösung Unsterblichkeit – was früher die Religion leistete", so Klotter. Und diese Entwicklung war nur möglich, da heute das Angebot an Nahrungsmitteln und die Ratschläge über die gesunde Ernährung derart unübersichtlich geworden sind. So ändern sich die offiziellen Ernährungsempfehlungen permanent, gerade erst wurde der Ratschlag, des Herzens wegen fettarm zu essen, revidiert. „Das Essen nach Regeln, die Einteilung in gute und böse Lebensmittel bringt daher Ordnung ins Leben", erläutert Klotter.

Vergessen darf man nicht, dass Gifte im Essen etwa Mutterkornalkaloide im Brot den Menschen seither begleitet haben, Skepsis hier also nicht fehl am Platz ist. Allerdings werden die Risiken völlig falsch bewertet, schließlich sind Lebensmittel heute so sicher wie noch nie in der Menschheitsgeschichte. Der Grund für die Fehleinschätzung: Es mangelt an mathematischer Bildung, wie Gerd Gigerenzer vom Max-Planck-Institut für Bildungsforschung meint: „In Deutschland scheint sich ein Innumeratentum breitzumachen, das sich darin äußert, mit Mathematik und Zahlen nicht zurechtzukommen und darauf auch noch stolz zu sein."

Genießer leben gesünder

Doch die Folgen des Foodamentalismus sind noch weitreichender als Mangelernährung und Zwangsstörungen. Denn Essen ist viel mehr als die Summe der Inhaltsstoffe. Essen ist soziale Interaktion, und wer sein eigenes Süppchen kocht, isoliert sich. Auch scheint Genuss gesünder als Verzicht zu sein. Seit einigen Jahren gibt es in der Ernährungswissenschaft einige Vertreter, die Ernährung als „Totalphänomen" betrachten, die nicht nur die Kalorien und Vitamine im Essen zählen und ihre Wirkung beobachten, sondern auch sämtliche anderen Einflüsse mitdenken: Isst man allein oder mit Freunden, isst man vor dem Fernseher oder an einer Tafel, isst man in Eile oder mit Muße, hat man das Gemüse vielleicht sogar selbst gepflanzt. Sie beobachten erstaunliche Effekte, die ganz unabhängig von der Nährstoffzusammensetzung auftreten.

Die Ernährungswissenschaftlerin Marlies Gruber schreibt in ihrem Buch „Mut zum Genuss": „Forscher vermuten, dass genussreiche Erlebnisse durch die Freisetzung von Gamma-Aminobuttersäure beruhigende und Angst lösende Effekte haben. Genuss zu erleben wirkt daher als möglicher Stresspuffer." Zudem gibt es Hinweise, dass Genuss und Freude am Essen sich positiv auf die Verwertung der Nahrung auswirken. Genießer entwickeln ein Alltagsverhalten, das uns vor den Exzessen des Genießens bewahrt, weil man mit allen Sinnen genießt, aufmerksamer ist. Belege für eine therapeutische Wirkung des Genusses gibt es auch schon: Psychologen der Universität Marburg haben bereits vor mehr als 30 Jahren die „Kleine Schule des Genießens" als Therapieprogramm gegen Depressionen entwickelt. Die Therapieform wird in zahlreichen psychosomatischen Kliniken auch bei krankhaftem Übergewicht mit Erfolg angewandt. Hanni Rützler, Ernährungswissenschaftlerin am Wiener Zukunftsinstitut, schreibt in ihrem im Buch „Muss denn Essen Sünde sein?": „Genießer treiben mehr Sport, essen vielfältiger, sind öfter an der frischen Luft und gehen häufiger zu Vorsorgeuntersuchun gen." Auch sollen Genießer öfter optimistisch, glücklich, ausgeglichen und entspannt sein.

Aus: Spektrum der Wissenschaft kompakt Gesund Essen 04/2017.

Literatur

Klotter C (2014) Fragmente einer Sprache des Essens: Ein Rundgang durch eine essgestörte Gesellschaft. Springer

Leitzmann C et al (2017) Alternative Ernährungsformen. Hippokrates, 2005. (aktualisierte Auflage in 2017)

Hardy K et al (2015) The Importance of Dietary Carbohydrate in Human Evolution. Q Rev Biol 90(3):251–268

Frassetto LA et al (2015) Metabolic and physiologic improvements from consuming a paleolithic, hunter-gatherer type diet. Eur J Clin Nutr 69(12):1376

Rützler H (2015) Muss denn Essen Sünde sein? Brandstätter Verlag

Kathrin Burger lebt und arbeitet als Freie Wissenschaftsjournalistin in München. Sie hat Ökotrophologie studiert und einige Bücher zum Thema Ernährung publiziert.

Orthorexie: Ist das noch gesund?

Katharina Schmitz

Der Gesundheit zuliebe achten viele Menschen auf ihre Ernährung. Doch dies kann sie zu Extremen treiben – bis an den Rand einer Essstörung.

Dass Jordan Younger ein Problem hatte, realisierte sie bei einem Frühstück mit ihren Freundinnen. Bevor sie die Saft- und Smoothiebar betrat, wusste sie bereits, was sie bestellen würde: einen grünen Smoothie, der nur mit ein wenig Apfelsaft gesüßt war. Alles andere würde zu viel Zucker enthalten. Aber diesen Saft gab es heute nicht. „Ich starrte die Säfte, Smoothies und Rohkost 15 min lang an – in Panik, weil ich keine Ahnung hatte, wie ich diesen Rückschlag bewältigen sollte", schreibt sie auf ihrem Blog „The Balanced Blonde".

K. Schmitz (✉)
Wuppertal, Deutschland

© Springer-Verlag GmbH Deutschland, ein Teil von Springer Nature 2020
K. Burger (Hrsg.), *Super-Food für Wissenshungrige!*,
https://doi.org/10.1007/978-3-662-61464-8_18

Auf einen Blick

Gesellschaftsphänomen oder Krankheit?

1. In unserer Gesellschaft sind Ernährungstrends, -ratschläge und -regeln allgegenwärtig – ebenso wie Informationen darüber, welches Essen krank machen kann. Rund 90 % der Deutschen finden eine gesunde Ernährung wichtig.
2. Manche Menschen beschäftigen sich jedoch übermäßig mit dem Thema. Sie halten sich streng an selbst aufgestellte Essensregeln und verzehren nur Lebensmittel, die sie als unbedenklich erachten. Das kann zu psychischen, körperlichen und sozialen Problemen führen.
3. Die Erforschung dieser so genannten Orthorexie steht noch am Anfang. Bisher ist unklar, ob es sich bei dem Phänomen um eine eigenständige Essstörung, eine Variante der Magersucht oder um ein Verhalten ohne Krankheitswert handelt.

Dort berichtet die Yogalehrerin aus New York offen von ihrer Essstörung, auf deren Höhepunkt sie sich vegan, gluten- frei, ölfrei, frei von raffiniertem Zucker, mehlfrei und dressingfrei ernährte – sie nahm eigentlich nur noch Smoothies aus grünem Gemüse und etwas Obst zu sich. An einen ähnlichen Punkt gelangte Steven Bratman. Der US-amerikanische Arzt prägte 1997 als Erster den Begriff „Orthorexia nervosa" für eine möglicherweise pathologische Fixierung auf gesundes Essen und die richtige Ernährung. Bratman berichtet, wie er selbst seine Ernährung immer weiter optimierte: „Ich wurde so ein Snob, dass ich nur noch Gemüse aus eigenem Anbau aß, das maximal 15 min vor Verzehr geerntet worden war. Ich ernährte mich rein vegetarisch, kaute jeden Bissen 50-mal, aß immer an einem ruhigen Ort – also alleine." Bücher, Zeitschriften, Fernsehen und Internet bombadieren uns geradezu mit Ernährungsratschlägen und -regeln. „Informationen darüber, dass

Essen krank machen kann, sind allgegenwärtig", schreibt die niedergelassene Psychotherapeutin Anja Gottschalk, die sich seit 15 Jahren auf Zwangs- und Essstörungen spezialisiert hat, in einem Kapitel des Buchs „Gesundheitsängste". Das Spektrum der Bedrohung reiche von Stoffwechselerkrankungen wie Diabetes, Bluthochdruck oder Arteriosklerose über Gefahren durch chemisch belastete Nahrungsmittel (zum Beispiel durch Pestizide oder Hormone) bis hin zu Krankheitserregern, die durch die Nahrung übertragen werden, etwa Ehec oder Salmonellen. In Anbetracht all dieser Informationen erstaunt es die Psychologin nicht, dass sich immer mehr Menschen Gedanken über eine gesunde Ernährung machen. Laut Forsa-Umfragen von 2015 und 2017 ist rund 90 % der Deutschen eine gesunde Ernährung wichtig. 76 % der Frauen und 62 % der Männer gelingt es nach eigenen Angaben, sich meistens oder fast immer gesund und ausgewogen zu ernähren. Simon Reitmeier, Soziologe am Kompetenzzentrum für Ernährung in Bayern, hat sich in seiner Promotion mit der Sozialisation der Ernährung befasst. Er beschreibt, dass unsere Gesellschaft, die auf Effizienz und Leistungsvermögen getrimmt ist, das Bemühen um Gesundheit für alle verbindlich gemacht hat: „Ein gesunder Lebensstil im Allgemeinen und eine gesunde Ernährung im Speziellen werden zur moralischen Pflicht des Individuums. Gesundheit und Krankheit gelten nicht als schicksalhafte Bestimmung, sondern als gestaltbare beziehungsweise vermeidbare Zustände, wenn sich das Individuum an die Erkenntnisse und Ratschläge der Wissenschaft hält." Ebenso definieren sich viele Menschen heute darüber, was oder was sie nicht essen, und fühlen sich so einer bestimmten Gruppe zugehörig oder grenzen sich von anderen ab. „Problematisch ist nicht die Tatsache, dass sich Menschen mit ihrer Ernährung bewusster auseinandersetzen", sagt Friederike Barthels vom Institut für Experimentelle Psychologie an der Heinrich-Heine-Universität Düsseldorf. Die Psychologin erforscht seit 2011 das Phänomen Orthorexie. Eine ständige gedankliche Beschäftigung mit der „richtigen" Ernährung könne aber Ausmaße annehmen, die mit einem normalen Alltag nicht mehr zu vereinen sind, beispielsweise wenn jemand deutlich mehr Zeit als üblich für die Planung, Vorbereitung und den Verzehr seiner Nahrung benötigt.

Was als ungesund gilt, fliegt vom Speiseplan

Statt auf die Quantität des Essens – wie etwa bei der Anorexia nervosa – konzentrieren sich Menschen mit einem orthorektischen Ernährungsverhalten auf die Qualität der Nahrung. Alle als ungesund erachteten Lebensmittel streichen sie vom Speiseplan, zum Beispiel Fette und Kohlenhydrate oder Erzeugnisse, die pestizidbelastet oder verunreinigt sein könnten. Die Kriterien für „gesund" und „ungesund" sind dabei subjektiv gewählt und orientieren sich nur manchmal an allgemeinen Ernährungsempfehlungen. Teilweise ist das Essverhalten so einseitig und eingeschränkt, dass es zu Mangelernährung und körperlichen Beeinträchtigungen kommt. Darüber hinaus riskieren die Betroffenen soziale Isolation, weil sie etwa kaum noch Einladungen zum Essen annehmen können.

Eine Orthorexie fängt oft schleichend an und kann verschiedene Auslöser haben. Manchmal geht ihr ein Lebensmittelskandal voraus, eine Allergie, eine Unverträglichkeit oder der Versuch, ein chronisches Leiden durch gesunde Ernährung zu überwinden. Die Betroffenen verschärfen die sich selbst auferlegten Regeln aber im Lauf der Zeit immer mehr. Die Auswahl an akzeptierten Produkten wird immer kleiner, Verstöße gegen die Vorschrift lösen Anspannungen, Angst, Schuldgefühle oder Selbsthass aus. Das Krankheitsbild weist sowohl Ähnlichkeiten mit dem der Anorexie als auch mit dem von Zwangsstörungen auf. Zum Beispiel neigen Menschen mit orthorektischem Verhalten zu zwanghaften Ritualen: So schneiden und verarbeiten sie ihr Essen auf eine bestimmte Art und Weise oder wiegen die einzelnen Bestandteile akribisch ab.

Allerdings betont Friederike Barthels:

„Diese Menschen haben keine Zwangsstörung. Sie beschäftigen sich zwar zwanghaft mit ihrem Essverhalten, jedoch ist die Orthorexie viel eher im Bereich der Essstörung einzuordnen. Entweder als eigene Essstörung oder als besondere Variante der Anorexie." Eine eindeutige Klassifikation ist bislang nicht möglich. Auffällig ist auch die Parallele zur hypochondrischen Störung – die Betroffenen wollen schließlich die Gesundheit fördern oder Krankheiten vermeiden. „Menschen, die sehr krankheitsängstlich sind, versuchen eher, sich gesund zu ernähren", bestätigt Barthels. Die Zusammenhänge seien hier jedoch noch weniger eindeutig als zwischen Orthorexie und Zwangsstörung.

Derzeit ist die Orthorexie weder im ICD-10 noch im DSM-5, den anerkannten Klassifikationssystemen für psychische Störungen, als eigenständige Diagnose aufgeführt. Die Forschung steht erst am Anfang. Zudem scheinen Betroffene auch nur selten unter ihrem besonderen Essverhalten zu leiden und sehen daher keinen Grund, etwas daran zu ändern. Stattdessen entwickeln viele von ihnen ein Überlegenheitsgefühl, da sie sich vermeintlich besser, gesünder, nachhaltiger oder sinnvoller ernähren als der Rest der Welt. Entsprechend haben einige der Betroffenen den Drang, ihre Mitmenschen zu bekehren. Bratman beschrieb dieses Phänomen bereits 1997: „Da ich mich verpflichtet fühlte, meine schwächeren Brüder zu erleuchten, unterrichtete ich fortwährend Freunde und Familie über das Übel raffinierter, verarbeiteter Lebensmittel und die Gefahren von Pestiziden und Dünger."

Einheitliche Diagnosekriterien fehlen

Zur besseren Beschreibung der Orthorexie fehlt bisher, neben einheitlichen Diagnosekriterien, vor allem ein zuverlässiges Messinstrument. Die meisten Studien stützen sich entweder auf den „Orthorexia Self-Test" von Bratman aus dem Jahr 2000 oder auf zwei modifizierte Varianten: ORTO-15 und ORTO-11. Der ursprüngliche Test von Bratman besteht aus zehn Fragen – wer mindestens vier davon mit Ja beantwortet, gilt als Orthorektiker. Stimmt eine Person jeder Frage zu, liegt laut Bratman dringender Handlungsbedarf vor. Doch die auf diesem Fragebogen basierenden Erhebungen würden auf epidemische Ausmaße der Orthorexie hindeuten – zwischen 30 und 80 % der Befragten erfüllen die Kriterien. Die bisherigen Fragebogen scheinen demnach eher eine allgemeine Tendenz zu einer gesundheitsbewussten Ernährung zu messen. Außerdem dürften manche der Fragen wie etwa „Essen Sie allein?" im ORTO-15 die Symptome der Orthorexie nicht spezifisch genug erfassen. Personen, die allein wohnen, würden hier schließlich ebenso mit Ja antworten. Barthels und ihr Team haben daher in einem mehrstufigen Verfahren mit Hilfe von Faktorenanalysen ein neues Messinstrument entwickelt: die „Düsseldorfer Orthorexie- Skala" (siehe „Beispiele aus dem Orthorexie-Fragebogen"). Der Fragebogen ist mittlerweile umfassend evaluiert. In einer Stichprobe von 1340 Probanden zeigten 3 % der Befragten ein orthorektisches

Essverhalten. Das Verfahren erfasst laut Barthels den möglicherweise pathologischen oberen Extrembereich einer gesundheitsbewussten Ernährung. Der starke Anstieg an „Healthy-Lifestyle-Propaganda", insbesondere in den sozialen Medien, könnte dazu führen, dass die Zahl der Orthorektiker noch zunimmt. So leiden Menschen, die viel Zeit in sozialen Netzwerken verbringen, auch häufiger unter Depressionen, Ängsten, Ess- und Schlafstörungen, sie haben ein geringeres Selbstwertgefühl, mehr Probleme mit ihrem Körperbild und neigen verstärkt dazu, sich mit anderen zu vergleichen. 2017 veröffentlichten Pixie Turner und Carmen Lefevre vom University College London eine erste Studie, die darauf hinweist, dass Menschen, die oft die Foto- und Videoplattform Instagram nutzen, häufiger Symptome einer Orthorexie aufweisen.

Beispiele aus dem Orthorexie-Fragebogen

Die von Friederike Barthels und Kollegen entwickelte „Düsseldorfer Orthorexie-Skala" enthält zehn Aussagen. Anhand-einer-vierstufigen-Antwortskalaschätzen die Befragten ein, wie gut diese ihr Ernährungsverhalten der letzten Woche beschreiben. Die folgenden drei Beispiele ermöglichen ebenso wie der gesamte Fragebogen keine Selbstdiagnose. Die Ergebnisse sollten bei Bedarf mit einem Psychologen oder Arzt besprochen werden.

1. Es fällt mir schwer, gegen meine Ernährungsregeln zu verstoßen.
2. Dass ich gesunde Nahrungsmittel zu mir nehme, ist mir wichtiger als Genuss.
3. Meine Gedanken kreisen ständig um gesunde Ernährung, und ich richte meinen Tagesablauf danach aus.

(Z. Kl. Psych. Psychoth. 44, S. 97–105, 2015)

Die beiden Autorinnen erklären, der so genannte Echokammer-Effekt der sozialen Medien greife nicht nur bei politischen Themen, sondern auch im Bereich Gesundheit. Dabei nehmen Nutzer ihre Werte und Ansichten als sehr viel verbreiteter wahr, als diese tatsächlich sind, da sie sich nur mit Gleichgesinnten austauschen. So bestärken sie sich gegenseitig und spornen sich zu immer strengeren Essensregeln an, ohne die Restriktionen kritisch zu hinterfragen, die häufig jeder wissenschaftlichen Grundlage entbehren. Vor allem halten Turner und Lefevre es für problematisch, dass selbst ernannte Ernährungsgurus ohne entsprechende Ausbildung über soziale Medien wie Instagram als „Influencer" hunderttausende Nutzer erreichen und ihnen vorleben, wie die einzig gesunde Ernährung auszusehen habe. Die „Follower" würden durch sie ermutigt, verschiedene Lebensmittelgruppen kategorisch abzulehnen, was zu einem unausgewogenen Essverhalten führen könne. Auch in Deutschland ist die Bezeichnung „Ernährungsberater" nicht geschützt. Die Psychologin Friederike Barthels sieht solche Entwicklungen kritisch, allerdings schränkt sie ein: „Niemand bildet nur auf Grund eines Ernährungsratgebers oder nur durch Facebook oder Instagram eine Essstörung aus – und das ist bei Orthorexie ganz genauso."

Die Suche nach möglichen Ursachen der Orthorexie steht noch am Anfang. Wichtiger ist es laut Friederike Barthels jedoch zuerst, Diagnosekriterien zu entwickeln und das Gefahrenpotenzial gründlich abzuschätzen: „Schließlich wissen wir nicht, ob Orthorexie tatsächlich eine Krankheit ist oder nur ein besonderes Essverhalten." (Abb. 1) Es sei ja zunächst einmal vollkommen in Ordnung, wenn sich Menschen anders ernähren als der Durchschnitt.

Genau daran sollten sich Freunde und Angehörige erinnern, wenn der Verdacht entsteht, eine Person aus dem näheren Umfeld könnte eine Orthorexie entwickelt haben.

...rexia... im Namen der Gesundheit

Menschen mit orthorektischem Ernährungsverhalten sind darauf fixiert, ausschließlich Lebensmittel zu konsumieren, die sie nach subjektiven Kriterien als gesund einstufen. Sie halten sich streng an selbst auferlegte Ernährungsregeln. Ob es sich bei der Orthorexie um eine eigenständige Essstörung, eine Variante der Anorexie oder ein vielleicht sonderbares, aber nicht pathologisches Essverhalten handelt, ist noch nicht geklärt. Bislang ist das Syndrom in kein Klassifikationssystem zur Diagnose psychischer Störungen aufgenommen worden. Es weist jedoch Gemeinsamkeiten mit anderen psychischen Erkrankungen auf.

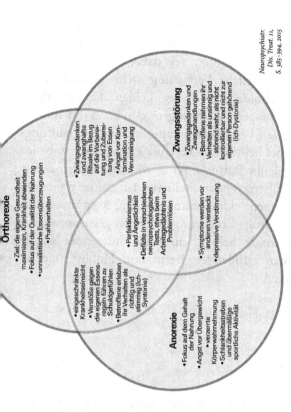

Orthorexie
- Ziel: die eigene Gesundheit maximieren, Krankheit abwenden
- Fokus auf der Qualität der Nahrung
- unrealistische Essensüberzeugungen
- Prahlverhalten

Zwangsstörung
- Zwangsgedanken und zwanghafte Rituale im Bezug auf die Vorbereitung und Zubereitung von Essen
- Angst vor Kontamination und Verunreinigung
- Zwangsgedanken und Zwangshandlungen
- Betroffene nehmen ihr Verhalten als unsinnig und störend wahr, als nicht kontrollierbar und nicht zur eigenen Person gehörend (Ich-Dystonie)

Anorexie
- Fokus auf dem Gehalt der Nahrung
- Angst vor Übergewicht
- verzerrte Körperwahrnehmung
- Schlankheitsstreben und übermäßige sportliche Aktivität
- eingeschränkte Krankheitseinsicht
- Verstöße gegen die eigenen Essensregeln führen zu Schuldgefühlen
- Betroffene erleben ihr Verhalten als richtig und stimmig (Ich-Syntonie)

- Perfektionismus und Ängstlichkeit
- Defizite in verschiedenen neuropsychologischen Tests, etwa beim Arbeitsgedächtnis und Problemlösen
- Symptome werden vor anderen versteckt
- depressive Verstimmung

Neuropsychiatr. Dis. Treat. 11, S. 385–394, 2005

Abb. 1 Orthorexia nervosa: Im Namen der Gesundheit Menschen mit orthorektischem Ernährungsverhalten sind darauf fixiert, ausschließlich Lebensmittel zu konsumieren, die sie nach subjektiven Kriterien als gesund einstufen. Sie halten sich streng an selbst auferlegte Ernährungsregeln. Ob es sich bei der Orthorexie um eine eigenständige Essstörung, eine Variante der Anorexie oder ein vielleicht sonderbares, aber nicht pathologisches Essverhalten handelt, ist noch nicht geklärt. Bislang ist das Syndrom in kein Klassifikationssystem zur Diagnose psychischer Störungen aufgenommen worden. Es weist jedoch Gemeinsamkeiten mit anderen psychischen Erkrankungen auf, © Spektrum der Wissenschaft

Prinzipiell ist ein bewusstes oder ausgefallenes Essverhalten nicht schädlich.

„Erst wenn die Person abgemagert oder anhaltend erschöpft und ungesund aussieht, sollte man darüber nachdenken, sie auf ihre Ernährung anzusprechen", so Barthels. Zu beachten sei dabei immer, dass eine schlechtere körperliche Verfassung nicht allein dem Essverhalten geschuldet sein muss. Leiden die Betroffenen unter ihren strengen Ernährungsregeln, kann ihnen neben einer kognitiven Verhaltenstherapie auch eine Ernährungsberatung dabei helfen, falsche Überzeugungen abzubauen. Zusätzlich, glaubt Barthels, sei es wichtig, der Ernährung keinen alles überragenden Stellenwert für unsere Gesundheit einzuräumen: „Um gesund zu sein, kommt es nicht nur auf die richtige Ernährung an. Es ist genauso wichtig, dass wir Freunde haben, ein funktionierendes soziales Umfeld, einen erfüllenden Beruf und Hobbys, die uns Spaß machen."

Aus: Gehirn&Geist, 5/2018.

Literatur

Barthels F et al (2015) Die Düsseldorfer Orthorexie Skala – Konstruktion und Evaluation eines Fragebogens zur Erfassung orthorektischen Ernährungsverhaltens. In: Zeitschrift für Klinische Psychologie und Psychotherapie 44(2):97–105

Dunn T, Bratman S (2016) On orthorexia nervosa: a review of the literature and proposed diagnostic criteria. Eat Behav 21:11–17

Fröhlich G, Kofahl D Ernährungsbezogene Selbstvermessung. Von der Diätetik bis zum Diet-Tracking. Leben nach Zahlen. https://doi.org/10.14361/9783839431368-006

Gottschalk A (2012) Nahrungsbezogene Krankheitsängste und Orthorexie. In: Klotter C, Hoefert W (Hrsg) Gesundheitsängste. Pabst Science Publishers. Lengerich, S 163–175

Koven NS, Abry AW (2015) The clinical basis of orthorexia nervosa: emerging perspectives. Neuropsychiatric Dis Treat 11:385–394

Reitmeier S (2013) Gesundheit, Nachhaltigkeit und Genuss – Die Ideologisierung der Ernährung. In: Reitmeier S (Hrsg) Warum wir mögen, was wir essen. Eine Studie zur Sozialisation der Ernährung. Transcript, Bielefeld, S 263–304

Turner PG, Lefevre CE (2017) Instagram use is linked to increased symptoms of orthorexia nervosa. Eating and Weight Disorders 22:277–284

Voderholzer U (2013) Zwanghaftigkeit und „gesundes" Essen – Orthorexie. In: Klotter C, Hoefert W (Hrsg) Gesundheitszwänge. Pabst Science Publishers. Lengerich, S 104–108

Katharina Schmitz ist Wissenschaftsjournalistin in Wuppertal. Sie schrieb u.a. für Zeit-online. Seit 2018 ist sie Produktionsredakteurin bei GEO.

Warum nehmen Essstörungen zu?

Kathrin Burger

Magersucht und Binge-Eating nehmen zu. Forscher vermuten als einen Grund den Selbstoptimierungs- und Schlankheitswahn, der im Zeitalter des Internets neue Blüten treibt.

Pünktlich zum Start der Casting-Show „Germany's Next Topmodel" hat die Publizistin Sonja Vukovic Anfang Februar 2017 aus ihrer Autobiografie im Münchner Künstlerhaus gelesen: In „Gegessen. Wer schön sein will, muss leiden, sagt der Schmerz …" erzählt sie schonungslos ehrlich, wie sie 13 Jahre lang an Bulimie und Magersucht litt, sich also häufig nach dem Essen großer Mengen erbrach, ständig Sportprogramme absolvierte oder sich tagelang jeden Bissen verweigerte, bis sie von einer neuen

K. Burger (✉)
München, Deutschland

© Springer-Verlag GmbH Deutschland, ein Teil von Springer Nature 2020
K. Burger (Hrsg.), *Super-Food für Wissenshungrige!*,
https://doi.org/10.1007/978-3-662-61464-8_19

Fressattacke heimgesucht wurde. Sie erzählt, wie sie dann 13 Jahre lang brauchte, um sich heute geheilt nennen zu können. Und sie berichtet von zahlreichen Rückschlägen, von ihrem Glück, an warmherzige Ärztinnen geraten zu sein, von den Depressionen ihrer Mutter, von ihrem alkoholsüchtigen Vater, von einem Trainer, der sie als junges Mädchen missbrauchte (Abb. 1).

Häufig bekommen Betroffene den Ratschlag, sich doch zusammenzureißen und endlich normal zu essen. Doch Bulimie (Ess-Brech-Sucht), Magersucht sowie Binge Eating Disorder sind schwere psychische Erkrankungen. Sie gehen oft auch mit Angststörungen, Depressionen, Selbstverletzungen, Borderline-Störung oder Suchterkrankungen einher – mit einfachen Ratschlägen ist es dabei nicht getan. Laut einer Studie von Corinna Jacobi, Psychologin an der TU Dresden aus dem Jahr 2016, leiden 2,2 % der Frauen und 0,7 % der Männer einmal

Abb. 1 Essstörungen nehmen auch bei erwachsenen Frauen zu: Viele empfinden sich selbst dann als zu dick, wenn sie sich bereits massiv heruntergehungert haben, © Nomad_Soul/stock.adobe.com

im Leben unter einer der drei Hauptformen von Essstörungen. Und teilweise nehmen diese Leiden auch zu.

So gibt es einen Anstieg etwa bei der Magersucht, bei der die Betroffenen sich immer weiter herunterhungern und sich dabei stets noch zu dick finden. Von 100.000 Personen erkrankten im Jahr 2000 17 daran, heute sind es laut dem Statistischen Bundesamt 33. „Vor allem kommen immer jüngere Patientinnen im Alter von zehn bis zwölf Jahren auf die Kinderstation", sagt Beate Herpertz-Dahlmann von der Universität Aachen. „Das macht uns Sorgen, weil diese Kinder nur wenige Fettpolster haben, mit einer Diät also sehr schnell ein kritisches Gewicht erreichen."

Und auch das Binge-Eating nimmt laut der Einschätzung von Experten zu, obwohl es dazu keine aktuellen deutschen Zahlen gibt. Die Betroffenen sind meist Erwachsene und leiden wie Bulimiker unter unkontrollierbaren Fressattacken, erbrechen sich aber in der Folge nicht. Binge-Eater sind darum meist stark übergewichtig. Laut einer australischen Studie aus dem Jahr 2012 hat sich das Binge-Eating-Verhalten zwischen 1998 und 2008 in der gesunden Bevölkerung von 2,7 auf 4,9 % fast verdoppelt. Die echte Binge-Eating-Störung betrifft jedoch nur 0,2 % der Bevölkerung, sie ist erst seit 2013 als psychische Krankheit im US-amerikanischen Manual DSM-5 aufgelistet. Harte Fakten zu einem etwaigen Trend fehlen darum bislang.

Jedes zweite Mädchen empfindet sich als zu dick

Rückläufige Zahlen finden Statistiker dagegen bei der Bulimie. So waren laut einer holländischen Langzeitstudie in den Jahren 1985 bis 1989 neun Personen von 100.000 krank, während es zwischen 2005 und 2009 nur drei waren. Experten halten dies jedoch für eine statistische Verzerrung. „In den offiziellen Zahlen erscheinen immer nur diejenigen Fälle, die zum Arzt gehen und eine Diagnose erhalten", erklärt die Wissenschaftlerin Herpertz-Dahlmann. Bei der Bulimie gäbe es jedoch zahlreiche Selbsthilfegruppen, die sozusagen im Vorfeld agieren. Abzugrenzen von den eindeutig pathologischen Erkrankungen sind die leichten Essstörungen. So hat das Robert Koch-Institut in der KIGGS-Studie gezeigt, dass rund jedes fünfte Kind einzelne Symptome einer Essstörung aufweist. Obendrein empfand sich fast jedes zweite Mädchen zwischen 11 und 17 Jahren als zu dick.

Diese leichten Essstörungen vergehen jedoch oft von selbst, sie bedürfen in der Regel keiner Therapie. Und sie nehmen laut der KIGGS-Erhebungen aus den Jahren 2003 und 2009 auch nicht zu: „Sie bewegen sich aber auf einem viel zu hohen Niveau", sagt die Aachener Wissenschaftlerin. Während Experten also vor allem eine Steigerung bei Magersucht in jungen Jahren und dem Binge-Eating allgemein beobachten, weisen einige Studien auch darauf hin, dass mehr Männer betroffen sind als bislang angenommen. So hat etwa Alison Field, Epidemiologin am Boston Children's Hospital, in einer Studie aus dem Jahr 2013 aufgedeckt, dass fast 18 % der 5500 männlichen Befragten extrem auf ihr Aussehen und ihr Gewicht achten, was mit hohem Alkohol- und Drogenkonsum einhergeht. Allerdings können aktuelle Zahlen keine Zunahme belegen: So ist das Geschlechterverhältnis von 1:10 bei der Magersucht seit Jahren konstant. Im Fall der Bulimie ist die Schere sogar noch größer. Bei der Binge-Eating-Störung hingegen ist von drei Erkrankten einer männlich. Der Grund, warum Männer nur selten in den Statistiken auftauchen: Essstörungen bei Männern sind eine Art Tabuthema. Sie gelten als Frauenkrankheiten, als Leiden von Magermodels und depressiven

Teenager-Mädchen. Darum gehen die Betroffenen nicht zum Arzt. Zudem erkennen viele Mediziner Essstörungen bei jungen Männern nicht. Sie äußern sich etwa weniger in Form von Diäten als vielmehr in einem Fitnesswahn. Zudem scheinen Essprobleme bei erwachsenen Frauen zuzunehmen. „Bei uns in der Klinik sind Bulimiepatientinnen meist Anfang 20, in letzter Zeit haben wir aber auch häufiger Frauen mit Anfang 40 in Therapie", sagt Maike Kohnert, Medizinerin an der Klinik Dr. Schlemmer in Bad Tölz. Eine Studie unter der Leitung von Nadia Micali von der School of Medicine at Mount Sinai in New York hat ergeben, dass unter den rund 5700 befragten Frauen zwischen 40 und 60 Jahren 3,6 % aktuell an einer Essstörung litten. Ganze 15,3 % gaben sogar an, im Lauf ihres Lebens einmal essgestört gewesen zu sein. Das sind teilweise Frauen, die bereits als Mädchen Probleme hatten, teilweise entwickelt sich eine Essstörung aber auch erst später, etwa bei Umbrüchen wie Auszug der Kinder, Trennung oder beruflichem Wechsel.

Warum erklären Menschen ihrem Körper den Krieg?

Doch warum erkranken Menschen überhaupt an einer Essstörung, warum erklären sie ihrem Körper den Krieg? Die eine Ursache gibt es nicht.

❡ „Das Einzige, was allen Betroffenen gemein ist: Sie haben ein geringes Selbstwertgefühl" -Maike Kohnert.

„Das Einzige, was allen Betroffenen gemein ist: Sie haben ein geringes Selbstwertgefühl", sagt Kohnert. Oft sind sie als Kinder dick und müssen sich von Schul- kameraden oder auch von Eltern abschätzige Kommentare zu ihrer Figur anhören. Dies ist oft der Beginn einer langen Leidensgeschichte von Diäten über fasten, Mahlzeiten auslassen, heimlich essen, Fressanfällen, Abführmitteln, Erbrechen bis hin zu übermäßigem Trinken, der Einnahme von Entwässerungs- und Schilddrüsentabletten und sozialer Isolation. Weil Übergewicht zunimmt und dieses negativ konnotiert ist, nehmen auch die Essstörungen zu.

Allen Esssüchten liegen zudem genetische Komponenten zu Grunde. Den stärksten Einfluss haben Erbanlagen jedoch bei der Magersucht. Leidet beispielsweise ein eineiiger Zwilling unter Magersucht, entwickelt in fast zwei von drei Fällen auch das andere Geschwisterteil diese Essstörung. Bei zweieiigen ist es jedes zehnte. Und diese Genvarianten führen vor allem zu Veränderungen im Gehirn, etwa im Serotonin- oder Dopaminstoffwechsel, was das ängstliche und zwanghafte Verhalten vieler Magersüchtiger erklären könnte.

Trotzdem sind sich die Experten einig darin, dass bei allen Essstörungen immer auch die Umwelt eine Rolle spielt. Vor allem das herrschende Schlankheitsideal beobachten Kinderpsychiater mit Argusaugen. In einer Studie aus dem Jahr 2015 vom Internationalen Zentralinstitut für das Jugend- und Bildungsfernsehen (PDF) gab ein Drittel der befragten Patientinnen an, die Sendung „Germany's Next Topmodel" sei entscheidend für die eigene Krankheitsentwicklung gewesen. Sonja Vukovic findet: „Noch schlimmer ist, dass die jungen Frauen in der Show lernen, ihre Bedürfnisse und Gefühle wie Hunger, Kälte oder Scham zu unterdrücken." Zugleich prasseln die überzogenen Ansprüche an die „Problemzonen" täglich über die digitalen Medien auf die Kinder ein. „Darum machen einfach mehr jüngere Mädchen Diäten, und wenn dies auf eine Veranlagung trifft, dann beginnt das Hungern", sagt Herpertz-Dahlmann. Und auch Jungs und erwachsene Frauen eifern vermehrt dem Schönheits- und Jugendwahn hinterher. Man sollte also nicht vergessen, dass unsere ganze Gesellschaft beim ständigen Fasten, Detox oder Marathon-Training mitmacht und nicht nur Fernsehshows zum Selbstoptimierungsdruck beitragen.

Hängen unsichere Bindungen mit Essstörungen zusammen?

Warum immer mehr Menschen von Essattacken heimgesucht werden, ist jedoch bislang noch nicht gut erforscht. Martina de Zwaan, Psychologin an der Universität Hannover, meint aber, dass beim Binge-Eating das große Nahrungsangebot eine Rolle spiele, das einfach zu verführerisch sei für einen Organismus, der Jahrtausende mit Hunger zu kämpfen hatte. Und natürlich hat auch das Elternhaus einen gewissen Einfluss.

In einer Studie der Universitätsklinik Heidelberg von 2016 fiel etwa auf, dass essgestörte Personen vermehrt unsichere Bindungsmuster aufweisen. Empirische Daten belegen auch, dass Anorexiepatienten häufiger Eltern haben, die selbst unter Essstörungen oder anderen psychischen Störungen leiden oder andere kritische Lebensereignisse wie sexuellen Missbrauch oder Scheidung der Eltern erfahren mussten. Sonja Vukovic war von all dem betroffen. Zu Schuldzuweisungen an die Eltern sollten diese Erkenntnisse jedoch nicht führen. Schließlich müssen sie ein schwer krankes Kind beklagen, ein sehr belastender und überfordernder Zustand. Eine aktuelle Studie von Herpertz-Dahlmann belegt etwa, dass Angehörige von Magersüchtigen sehr häufig depressive

Zustände entwickeln. Und tatsächlich gibt es schon mehr Therapieangebote für die Angehörigen wie etwa spezielle Elternseminare; einige Einrichtungen arbeiten von vornherein mit Familientherapie. Oft wird bei Essstörungen auch die Verhaltenstherapie angewandt oder es werden Antidepressiva eingesetzt. Einige Kliniken haben geschlossene Abteilungen, andere arbeiten mit einem offenen Konzept, zudem gibt es Wohngruppen oder Onlinetherapien. Allerdings kann laut einer aktuellen Studie von Andrew Hardaway von der University of North Carolina mit den derzeitigen Verfahren nur rund 50 % der Patienten geholfen werden, 20 % entwickeln eine lebenslange Essstörung, vor allem die Magersucht endet bei 15 % der Patientinnen tödlich.

Sonja Vukovic jedoch hat es geschafft. Sie hat heute selbst eine Tochter und hofft, dass diese von einem ähnlichen Leidensweg verschont bleibt. Die Publizistin hat zwar keine endgültige Lösung für Essprobleme parat. Sie hält es jedoch für sehr wichtig, dass Kinder im Vorfeld gestärkt werden. Denn sie selbst habe sich immer falsch und unzulänglich gefühlt.

Aus: Spektrum.de, 24. Februar 2017.

Literatur

Field A (2014) High shape concerns predicts becoming obese, binge drinking, and drug use among adolescent and young adult males. JAMA Pediatr 168(1):34–39

Hardaway JA et al (2015) Integrated circuits and molecular components for stress and feeding: implications for eating disorders. Genes Brain Behav 14(1):85–97

Herpertz-Dahlmann B et al (2017) Expressed Emotions and Depressive Symptoms in Caregivers of Adolescents with First-Onset Anorexia Nervosa-A Long-Term Investigation over 2.5 Years. Eur Eat Disord Rev 25(1):44–51

Jacobi C et al (2016) Prevalence, incidence, and natural course of anorexia and bulimia nervosa among adolescents and young adults. Eur Child Adolesc Psychiatry 25(8):903–918

Kaye WH (2009) New insights into symptoms and neurocircuit function of anorexia nervosa. Nature Reviews Neuroscience 10:573–584

Micali N et al (2017) Lifetime and 12-month prevalence of eating disorders amongst women in midlife: a population-based study of diagnoses and risk factors. BMC Medicine 15:12

Mitchison D et al (2012): Time Trends in Population Prevalence of Eating Disorder Behaviors and Their Relationship to Quality of Life. PLoS ONE 7(11):e48450

Münch A et al (2016) An investigation of the mediating role of personality and family functioning in the association between attachment styles and eating disorder status. BMC Psychology 4:36

Smink FR (2016) Three decades of eating disorders in Dutch primary care: decreasing incidence of bulimia nervosa but not of anorexia nervosa. Psychol Med 46(6):1189–1196

Kathrin Burger lebt und arbeitet als Freie Wissenschaftsjournalistin in München. Sie hat Ökotrophologie studiert und einige Bücher zum Thema Ernährung publiziert.

Warum Männer gerne Fleisch essen und Frauen lieber Salat

Juliette Irmer

Rollenklischees beeinflussen unser Essverhalten ebenso wie evolutionäre Mechanismen. Unterm Strich führt das dazu, dass sich Frauen gesünder ernähren – aber auch häufiger unter Essstörungen leiden.

Beginnen wir mit einem kleinen Test an: Ordnen Sie folgende Lebensmittel Männern oder Frauen zu: Steak, Gemüsequiche, Bier, Yogi-Tee, Schweinshaxe, Früchtequark. Kinderleicht? Kein Wunder, denn Männer und Frauen essen tatsächlich unterschiedlich, das belegen auch zahlreiche Studien. Für die 2008 veröffentlichte Nationale Verzehrstudie II etwa wurden fast 20.000 Männer und Frauen aus Deutschland befragt: Danach essen Männer fast doppelt so viel Fleisch und Wurst wie Frauen und

J. Irmer (✉)
Freiburg, Deutschland

© Springer-Verlag GmbH Deutschland, ein Teil von Springer Nature 2020
K. Burger (Hrsg.), *Super-Food für Wissenshungrige!*,
https://doi.org/10.1007/978-3-662-61464-8_20

trinken deutlich mehr Bier und Limonade. Frauen hingegen trinken mehr Tee und essen mehr Obst, Gemüse, Jogurt und Quark. Auch gibt es mehr als doppelt so viele Vegetarierinnen, wobei laut einer aktuellen Umfrage des Robert Koch-Instituts insgesamt 4,3 % der Bevölkerung auf Fleisch verzichten. Aber warum gibt es überhaupt unterschiedliche Essensvorlieben bei Mann und Frau? Und sind diese genetisch verankert oder durch Kultur und Erziehung geprägt?

Sicher ist, dass Essen für uns weit mehr ist als ein biologisches Bedürfnis. Alle Tiere fressen – aber nur wir kochen. Diese Lebensart spielte in unserer Evolution wahrscheinlich eine herausragende Rolle: Wir verdauten unsere Nahrung leichter, sparten Energie, und unsere Gehirne wuchsen – wir wurden zu „Cookivores" und entwickelten eine ungeheure Fülle an Esskulturen. Auf der Kehrseite unserer Esslust stehen Fehlernährung und Übergewicht. Die gesundheitlichen Folgen kosten die Gesellschaft Milliarden, weswegen weltweit versucht wird, das menschliche Essverhalten zu verstehen, um es letztlich positiv beeinflussen zu können.

Soziologen sind dabei vom „Gender-doing" überzeugt: Männer essen demnach nicht Fleisch, weil Männer viel Fleisch brauchen, sondern sie essen Fleisch, um zu zeigen, dass sie Männer sind. „So lernen Jungs von klein auf, dass Fleisch groß und stark macht", sagt die Ernährungswissenschaftlerin Christine Brombach von der Zürcher Hochschule für Angewandte Wissenschaften und folgert: „Unser Essverhalten ist sozial konstruiert." Der Kulturwissenschaftler Gunter Hirschfelder von der Universität Regensburg bestätigt: „Kulturell gesehen wird man nicht als Mann oder Frau geboren, sondern im Laufe seines Lebens dazu gemacht und beim Essen: dazu gezwungen." Die unterschiedlichen Vorlieben beim Essen seien das Ergebnis unserer Kulturgeschichte und nachhaltig eingeschliffen.

Fleisch ist dabei das symbolträchtigste aller Lebensmittel: „Es steht für Kraft und Virilität und verkörpert die dominante Stellung des Mannes", sagt Brombach. Der Hausherr residierte früher nicht nur am Kopfende des Tisches, sondern wurde auch als Erster bedient und bekam das beste Bratenstück. In allen Kulturen ist Fleisch kostbar und untrennbar mit Männlichkeit verbunden: Denn bevor der Mensch vor rund 10.000 Jahren sesshaft wurde, musste er jagen, um Fleisch zu essen – und Jäger sind meist Männer. Mann und Frau unterscheiden sich aber nicht nur bei der Speisenwahl. „Männer essen auch anders: Sie essen größere Portionen, beißen herzhaft zu, kauen schneller und kraftvoller", so Brombach. Als männlich gelten auch scharfes Essen sowie das Trinken aus der Flasche.

> „Jungs lernen von klein auf, dass Fleisch groß und stark macht" – Christine Brombach.

Typisch weibliches Essen ist weich und gesund

Auch Frauen verhalten sich gewissermaßen typisch weiblich beim Essen: „Sie essen kleinere Portionen, kauen langsamer und nippen am Weinglas", sagt Brombach. „Frauenlebensmittel" wie Gemüse, Quark und Fisch sind weich und können auch ohne Kauen leicht geschluckt werden – ketzerisch könnte man sagen: die perfekte Nahrung fürs „schwache" Geschlecht, Kinder und Alte. Wie stark solche archaischen Rollenmuster sind, zeigt sich besonders gut im Sommer: Grillen ist Männersache, gerne mit einem Bier in der Hand. Den Salat bereiten die Frauen zu. Nicht nur in Deutschland ernähren sich Frauen tendenziell gesundheitsbewusster: Von Island bis Südafrika, Kolumbien bis Japan essen Frauen weniger Fett und mehr Ballaststoffe, das fand eine Studie heraus, die 23 Länder untersucht hatte. Globalisierung bedeutet offenbar auch: weltweit das gleiche Schönheitsideal – das Frauen antreibt, Kalorien zu sparen.

Im besten Fall ernähren sie sich dadurch gesünder. Der gesellschaftliche Druck kann sie jedoch krank machen: „Frauen sorgen sich stärker um ihre Figur, sind generell unzufriedener mit ihrem Gewicht und versuchen häufiger abzunehmen", fasst Brombach zusammen. Essen ist für sie oft ein zweischneidiges Schwert, und das Problem fängt schon in jungen Jahren an: Mädchen achten darauf, was sie essen, um dünn zu sein. Die Folge: Sie erkranken häufiger an Essstörungen wie Bulimie und Magersucht. Laut dem Kinder- und Jugendgesundheitssurvey des Robert Koch-Instituts gibt es bei jedem dritten jungen Mädchen zwischen 14 und 17 Jahren Hinweise auf eine Essstörung, bei Jungen sind weniger als einer von sieben auffällig. Frauen essen nicht nur etwas gesundheitsbewusster als Männer, sie kaufen auch anders ein: In einer Studie mit gut 14.000 Teilnehmern kreuzten Frauen als wichtigste Kaufkriterien „Qualität", „Preis" und „Familienvorlieben" an. Die teilnehmenden Männer kreuzten am häufigsten „Geschmack" an. „Männer essen insgesamt lustbetonter, und ihr Verhältnis zu Essen ist unkomplizierter", sagt Brombach. Entsprechend sind sie auch häufiger übergewichtig als Frauen – nur stört es sie weniger. Mit dem Alter kommt die Weisheit: Ab etwa 50 ernähren sich auch Männer gesundheitsbewusster. Und die Bildung spielt bei der Lebensmittelwahl ebenfalls eine Rolle: Kinder aus Familien mit niedrigem Sozialstatus essen weniger Obst und Gemüse und konsumieren mehr

Süßwaren, Fleisch und Fastfood als Jungen und Mädchen aus besser gestellten Familien, so eine Erhebung des Robert Koch-Instituts.

Stehen Frauen schon immer mehr auf Salat?

Die kulturellen und familiären Einflüsse unseres Essverhaltens sind nicht von der Hand zu weisen. Aber gibt es nicht auch biologische Gründe dafür, dass Männer auf Steaks stehen und Frauen auf Salat? Um unser Verhalten zu verstehen, schauen Biologen gerne in die Vergangenheit. Homo sapiens lebte viele Jahrtausende lang als Jäger und Sammler mit einer klaren Arbeitsteilung: Die Männer – von Natur aus kräftiger – jagten, die Frauen sammelten Wurzeln und Beeren und versorgten die Kinder. Nun kann niemand wissen, ob Männer schon damals lieber Fleisch aßen – aber man kann heute noch traditionell lebende Völker studieren. Colette Berbesque, Anthropologin an der Roehampton University in London, fand heraus, dass auch die Hazda aus Tansania unterschiedliche Nahrungsvorlieben haben: Am beliebtesten ist bei beiden Geschlechtern Honig, bei den Männern kommt an zweiter Stelle Fleisch, gefolgt von Wurzeln und Beeren. Bei Frauen kommen in der Reihenfolge Beeren, dann Wurzeln und erst an vierter Stelle Fleisch.

Berbesque hat dafür verschiedene Erklärungen. Bei der evolutionären geht es, vereinfacht gesagt, um den Fortpflanzungserfolg: Das menschliche Verhalten ist darauf optimiert, die eigenen Gene weiterzugeben. Bei Berbesque liest sich das wie folgt: Hazda-Männer sind nicht immer erfolgreich bei der Jagd, Fleisch ist demzufolge alles andere als eine zuverlässige Nahrungsquelle. Frauen setzen deswegen womöglich auf weniger energiereiche Nahrung, die aber verlässlich ergiebig ist. Sie tun dies aus zwei Gründen: zum einen, um ihre Fettreserven zu bewahren und damit ihre Fruchtbarkeit, zum anderen, um ihre Kinder zuverlässig versorgen zu können. Männer hingegen setzen auf Fleisch und sichern sich damit das Wohlwollen, also die Paarungsbereitschaft der Frauen, denn Fleisch ist auch bei Frauen beliebt.

Um den Ursprung menschlichen Verhaltens zu verstehen, ist es oft hilfreich, das Verhalten unserer nächsten Verwandten zu beobachten. In diesem Fall finden sich bemerkenswerte Parallelen: Schimpansen fressen hauptsächlich Früchte und Blätter. Termiten oder Fleisch sind aber willkommene Leckerbissen. „Weibchen essen Fleisch, aber im Schnitt weniger als 50 % von den Mengen, die die Männchen in der Regel zu sich nehmen", sagt Roman Wittig vom Max-Planck-Institut für evolutionäre Anthropologie in Leipzig. Die Jagd erfolgt in Gruppen, meist durch Männchen; Weibchen können aber auch beteiligt sein. Ist die Beute gefangen, wird sie unter den Jägern verteilt, die einen Teil der Beute auch an Unbeteiligte weitergeben. „Durch das Teilen von Fleisch können Männchen die Gunst der Weibchen gewinnen und später, wenn diese fortpflanzungsbereit sind, in Kopulationen ummünzen", erklärt Wittig.

Frauen sind hocheffiziente Fettspeicher

Berbesques zweite Erklärung ist physiologischer Natur: „Womöglich haben die Geschlechter einfach einen unterschiedlichen Nahrungsbedarf. Allerdings ist es schwierig herauszufinden, was die jeweils optimale Ernährung für ein Geschlecht ist." Tatsächlich verwerten wir als Gemischtesser alles: Wurzeln, Pilze, Blattgemüse, Getreide, Nüsse, Eier, Fleisch – überleben aber auch als reine Paläoesser, Vegetarier oder gar Veganer. Einige Fakten sprechen für diese Theorie: Männer und Frauen in allen ethnischen Gruppen unterscheiden sich in ihrem Körperbau. Männer sind im Durchschnitt größer, haben mehr Muskelmasse und benötigen mehr Kilokalorien pro Tag als Frauen. Bei einem Bürojob etwa reichen ihnen 2400 Kalorien pro Tag, Frauen 1900 Kalorien. Obwohl Frauen im Durchschnitt weniger Kalorien zu sich nehmen, haben sie einen höheren Körperfettanteil.

Die Erklärung dafür ist der elementare Unterschied zwischen den Geschlechtern: Nur Frauen kriegen Kinder. Und dafür braucht es Energie. „Die Geschichte zeigt, dass Frauen auch unter widrigen Bedingungen schwanger werden und Kinder gebären. Das legt eine äußerst wirkungsvolle physiologische Anpassung nahe", schreiben die Autoren einer Studie, die die unterschiedlichen Stoffwechselwege der Geschlechter untersucht haben. Mit anderen Worten: Frauen sind hocheffiziente Fettspeicher. Was auch erklärt, warum sie ihre Kalorienzufuhr stärker reduzieren müssen als Männer, um abzunehmen. Noch nicht bis ins Detail verstanden sind die Unterschiede beim Ausdauersport: Frauen verbrennen bei Belastung mehr Fett und weniger Kohlenhydrate und Proteine als Männer. Forscher vermuten, dass auch hier die Geschlechtshormone Testosteron und Östrogen am Werk sind.

Sicher ist, dass unser Griff zu Steak oder Quark beeinflusst wird. Wer den höheren Anteil daran hat – Kultur oder Biologie –, ist ungewiss. Folgendes Beispiel kommt der Wahrheit wohl am nächsten: Die längste Zeit unserer Evolution war Milch ein Nahrungsmittel, das ausschließlich Säuglinge vertrugen. Sie bilden das Enzym Laktase, das den Milchzucker Laktose spaltet. Erwachsenen fehlte das Enzym, weswegen sie Milch nicht verwerten konnten. Vor rund 7500 Jahren, also ein paar tausend Jahre nachdem der Mensch seine Lebensweise geändert hatte, sesshaft wurde und Kühe, Ziegen und Schafe hielt, mutierte bei einem Menschen in Südosteuropa ein Gen: Jener Mensch bildete auch als Erwachsener Laktase. Das mutierte Gen bot einen Überlebensvorteil, denn Milch ist nahrhaft und breitete sich – evolutionär betrachtet – extrem schnell nach West- und Nordeuropa aus, wo heute 90 % der Erwachsenen Milch vertragen. Und die Lehre der Geschichte? Die Kultur und die Biologie des Menschen sind untrennbar miteinander verwoben.

Aus: Spektrum.de, 6. März 2017

Juliette Irmer ist Freie Wissenschaftsjournalistin und Fotografin. Sie schreibt unter anderem für Der Standard, FAZ, GEO, Natur, NZZ am Sonntag, Spektrum.de, SZ, Tages-Anzeiger Sie lebt nahe Freiburg

Essverhalten: Ein Tag voller Verlockungen

Nanette Ströbele-Benschop

Warum essen wir so oft, was wir eigentlich gar nicht wollen? Stimmung und Situation beeinflussen in hohem Maß, wie wir uns ernähren – und wie gut es uns schmeckt.

Es ist 6.30 Uhr, und der Tag beginnt. Während ich die Snacks für den Kindergarten vorbereite, deckt mein Mann den Tisch. Eigentlich habe ich noch gar keinen Hunger – aber das gemeinsame Frühstück ist mir wichtig. Als Professorin für Ernährungspsychologie beschäftige ich mich fast jeden Tag mit der Frage, wie, wo, mit wem und warum wir was essen. Mich interessiert vor allem, welche Faktoren aus der Umwelt unser Essverhalten

N. Ströbele-Benschop (✉)
Stuttgart, Deutschland

© Springer-Verlag GmbH Deutschland, ein Teil von Springer
Nature 2020
K. Burger (Hrsg.), *Super-Food für Wissenshungrige!*,
https://doi.org/10.1007/978-3-662-61464-8_21

mitbestimmen. Ich weiß daher viel über die alltäglichen Einflüsse und sollte ihnen gegenüber entsprechend gut gewappnet sein. Warum also sitze ich hier am Tisch und esse eine Scheibe Brot mit Marmelade, obwohl mein schlafender Magen eigentlich noch gar nichts möchte? Ich will meinen Kindern mit gutem Beispiel vorangehen, denn ich diene ihnen als soziales Modell: So bestärken Eltern, die regelmäßig Obst und Gemüse essen, ihre Kinder darin, das ebenfalls zu tun. Daraus entwickelt sich dann (hoffentlich) eine lebenslange Gewohnheit. Nun möchte ich meinen Kindern einerseits vermitteln, dass Frühstücken sinnvoll ist, denn es scheint verschiedenen Befunden zufolge die Leistungsfähigkeit zu verbessern. Andererseits finde ich gemeinsame Mahlzeiten wichtig. Denn sie sind so viel mehr als nur eine Nahrungs-aufnahme, sondern auch ein Platz, um Werte zu ver-mitteln, um sich auszutauschen und soziale Beziehungen zu stärken. Speisen im Kreis der Familie sind statistisch betrachtet auch reicher an Obst und Gemüse, sie erhalten mehr Ballaststoffe, Kalzium und Eisen sowie weniger Fett, Cholesterin und Natrium als jene außerhalb der Familie, wie eine Übersichtsarbeit aus dem Jahr 2001 verdeutlichte. Eine Kohortenstudie der Harvard University in Boston mit mehr als 14 000 Mädchen und Jungen konnte zudem zeigen, dass Kinder, die nie oder nur an manchen Tagen mit der Familie zu Abend aßen, häufiger übergewichtig waren als jene, die das immer oder an den meisten Tagen taten. Und dieser Effekt war weder auf den sozioöko-nomischen Status der Eltern noch auf die körperliche Aktivität der Kinder zurückzuführen.

Auf einen Blick

Warum wir essen,was wir essen

1. Eine Vielzahl an Faktoren beeinflusst unser Essverhalten, ohne dass wir uns dessen bewusst sind. In Gesellschaft und unter Stress etwa neigen die meisten Menschen dazu, mehr zu konsumieren. Aber auch die Farbe und Größe des Geschirrs sowie die Reihenfolge der Zubereitung spielen eine Rolle.
2. Solche Umwelteinflüsse machen es mitunter schwer, gute Vorsätze einzuhalten. Das Wissen um diese Effekte kann jedoch jedem dabei helfen, die eigene Ernährung zu hinterfragen.
3. In manchen Fällen kann man sich die natürlichen Verhaltenstendenzen zu Nutze machen, um die Nahrungsaufnahme von Menschen mit Mangelerscheinungen und Untergewicht zu steigern.

Während unsere Kinder im Wohnzimmer spielen, schaue ich noch einmal in den Kühlschrank. Ich suche ein Mittagessen für mich, denn ich gehe nicht gerne in eine Mensa oder Kantine. Meine Wahl fällt auf Müsli mit Jogurt und Obst. Aber wir haben keine kleinen Jogurtbecher, nur große. Eigentlich egal, oder? Falsch, denn je größer der Behälter, desto mehr werde ich wohl später in die Schüssel geben. Einerseits spielt das Behältnis des Jogurts eine Rolle, andererseits auch die Schale, aus der ich esse. Je größer sie ist, desto mehr werde ich mir blindlings zubereiten. Solche Gegebenheiten, die beeinflussen, wie viel wir konsumieren, sind in vielen wissenschaftlichen Übersichtsarbeiten beschrieben. Dass die Größe des Gefäßes die Menge steuern kann, lässt sich leicht nachvollziehen. Aber wussten Sie, dass auch die Reihenfolge der Zubereitung wichtig ist? In diversen Experimenten konnten meine Arbeitsgruppe und ich zum Beispiel zeigen, dass eine Apfelsaftschorle weniger Apfelsaft enthält, wenn Probanden zuerst Mineralwasser statt Saft in das Glas schütten. Bei Müsli und Jogurt konnten wir denselben Effekt feststellen. Je nachdem, ob ich zuerst Müsli oder Jogurt in die Schüssel fülle, werde ich zum Mittagessen mehr oder weniger Kalorien zu mir nehmen.

⬆ **6 % der Frauen und 16 % der Männer trinken täglich Softdrinks. 42 % der Männer naschen vor dem Fernseher, bei den Frauen sind es 33 %. [Deutschland, wie es isst. Der BMEL-Ernährungsreport 2016].**

Doch über Kalorien sollte ich mir heute keine Gedanken machen müssen, denn mein Müsli ist schließlich ein „Fitnessmüsli". So steht es jedenfalls auf der Packung. Ist Fitnessmüsli gesünder? Und enthält es weniger Kalorien? Vielleicht, aber Tatsachen sind eher nebensächlich, denn wir glauben automatisch, dass da, wo „fit" draufsteht, auch „fit" drin ist – und essen dann gern entsprechend mehr. Wissenschaftler um den Sportökonomen Jörg Königstorfer von der Technischen Universität München ließen 135 Studierende einen Fragebogen ausfüllen, während sie Studentenfutter naschen konnten. Probanden, bei denen die Tüte mit „Fitness Studentenfutter" beschriftet war, konsumierten mehr als jene, denen nur gewöhnliches „Studentenfutter" angeboten wurde. Gemeinsam mit dem Marketingprofessor Hans Baumgartner von der Pennsylvania State University konnte Königstorfer 2016 zudem zeigen, dass sich abnehmwillige Probanden nach dem Genuss von Fitness-

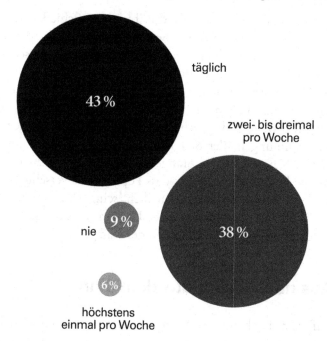

Deutschland, wie es isst.
Der BMEL-Ernährungsreport 2018

Abb. 1 Wie häufig kochen Sie selbst? (© Spektrum der Wissenschaft)

produkten weniger bewegen. Möglicherweise betrachten sie den Konsum solcher Lebensmittel als Ersatz für körperliche Aktivität (Abb. 1).

Im Institut angekommen, wache ich so langsam auf. Dabei hilft mir die erste Tasse Kaffee des Tages. Ein Blick ins Regal zeigt mir, dass ich heute noch drei Tassen zur Auswahl habe: eine blaue, eine orange und eine braune. Ich erwähne dies, weil schon ein Buch von 1979 ein Experiment beschreibt, welches darauf hindeutet, dass uns der Kaffee je nach Farbe des Gefäßes mehr oder weniger gut schmeckt und wir ihn als verschieden heiß empfinden. Neuere Studien bestätigten den Effekt. Betina Piqueras-Fiszman, die inzwischen an der niederländischen Universität Wageningen forscht, und Charles Spence von der University of Oxford – zwei der bekanntesten Wissenschaftler auf diesem Gebiet – untersuchten vor einigen Jahren, inwiefern die Farbe des Gefäßes die Geschmackswahrnehmung heißer Schokolade beeinflusst. Am besten schnitt Schokolade aus orangen Bechern ab. Die Arbeitsgruppe konnte auch zeigen, dass Popcorn aus verschiedenfarbigen Schüsseln unterschiedlich schmeckt. Ich finde solche Phänomene faszinierend. Und entscheide mich für die orange Tasse. Absolut lecker, der Kaffee!

Aus den Augen, aus dem Sinn

Auf dem Tisch meiner Sekretärin steht heute ein Schälchen mit Erdnüssen im Schokomantel. Sie sind von einem Seminar übrig geblieben. Aus mir unerfindlichen Gründen hole ich mir jedes Mal, wenn ich daran vorbeigehe, ein paar davon. Warum? Weil sie griffbereit sind? So schön bunt aussehen? Oder weil ich wegen eines Abgabetermins für einen Forschungsantrag unter Zeitdruck stehe? Wenn man sich die wissenschaftlichen Befunde zu diesem Thema anschaut, kann man alle drei Fragen mit Ja beantworten. Brian Wansink an der Cornell University in Ithaca und seine Kollegen verdeutlichten anhand vieler Experimente, dass eine leichte Erreichbarkeit ebenso wie die Vielfalt an Lebensmitteln den Konsum erhöhen können. Die US-amerikanischen Forscher stellten einer Gruppe von Personen eine Woche lang 30 Schokopralinen auf den Schreibtisch, die diese essen durften. Bei den übrigen Teilnehmern lagerten die Leckereien entweder in einer Schreibtischschublade oder auf einem rund zwei Meter entfernten Bücherregal. Die Schale wurde täglich aufgefüllt, und jeder Proband durchlief alle drei Bedingungen. Das Ergebnis: Befanden sich die Süßigkeiten auf dem Tisch, naschten die Probanden am meisten. Am seltensten kamen sie in Versuchung, wenn die Pralinen auf dem Regal standen. Dieselbe Arbeitsgruppe entdeckte auch, dass Menschen mehr Schokolinsen essen, je größer die Farbauswahl ist.

Viele Menschen berichten davon, unter Zeitdruck und Anspannung mehr und insbesondere kalorienreiche Kost zu konsumieren. Gerade bei Frauen steigt das Verlangen nach Süßem unter Stress an. Gemäß einer 2014 veröffentlichten Studie nahmen junge Studentinnen in England während der Klausurphase zum Beispiel vermehrt Kohlenhydrate und gesättigte Fettsäuren zu sich. Doch nicht jeder neigt unter Stress dazu, mehr zu verzehren. Manche Menschen essen dann auch weniger.

---

20 % der Frauen und 17 % der Männer greifen täglich zu Süßem. [Deutschland, wie es isst. Der BMEL-Ernährungsreport 2018].

Am Abend bin ich mit Kollegen verabredet. Wir sitzen zu fünft in einem gemütlichen schwäbischen Restaurant. Die anderen wählen alle eine Vorspeise. Eigentlich wollte ich nach dem Schokolinsen-Zwischenfall von vorhin nur einen großen Salat bestellen, denn der hat viele Vitamine und Mineralstoffe. Schließlich habe ich heute noch kein Gemüse gegessen – und ich möchte mich doch gesund ernähren.

Aber wie sieht es aus, wenn ich die Einzige bin, die keine Vorspeise bestellt? Mir kommt das unpassend vor. Ich mache keine Diät, und aus irgendeinem Grund, den ich selbst nicht verstehe, würde es mich stören, wenn meine Kollegen das denken würden. Also bestelle ich eine Kürbissuppe.

Menschen tendieren dazu, sich an andere anzupassen – sowohl beim Essen als auch in anderen Situationen. Dieses Verhalten beginnt bereits in der Kindheit. In den 1980er Jahren zeigte Leann Birch von der Penn State University in Pennsylvania, dass sich schon Dreijährige am Essverhalten Gleichaltriger orientieren und ein Gemüse, das sie eigentlich nicht mögen, essen, wenn die anderen Kinder am Tisch das auch tun.

Mein mittlerweile emeritierter Doktorvater John M. de Castro entdeckte in den 1990er Jahren ein weiteres Phänomen des sozialen Essens: Anhand von Ernährungstagebüchern stellte er fest, dass wir in Gesellschaft größere Mengen zu uns nehmen als allein. Und je mehr Personen mit am Tisch sitzen, desto reichlicher verzehren wir. Da habe ich noch Glück, dass wir nur zu fünft sind! Außerdem hängt die Nahrungsmenge auch davon ab, wer anwesend ist: Mit Freunden und der Familie schlagen wir uns den Bauch voller als mit Kollegen. Trotzdem haben wir wahrscheinlich alle mehr vertilgt als bei einem Abendessen zu Hause.

Schmeckt die Kürbissuppe in der Pizzeria?

Wir sind in einem gutbürgerlichen Restaurant. In einer Pizzeria hätte ich wahrscheinlich keine Kürbissuppe bestellt. Warum eigentlich nicht? Weil ich, wie die Mehrzahl der Menschen, davon ausgehe, dass sich der

Pizzabäcker besser auf Pizza und Pasta versteht. Solche verbreiteten Annahmen beeinflussen natürlich auch unsere Wahl. Eine in England durchgeführte Untersuchung aus dem Jahr 1994 weist darauf hin, dass unsere Entscheidung, was wir in einem Restaurant bestellen, und wie wir das Gericht wahrnehmen und später bewerten, unter anderem vom jeweils suggerierten Restaurantstil abhängt. So wählten die Gäste häufiger Pasta und Nachtisch, wenn die Italienflagge und Poster des Landes den Raum schmückten und die Gerichte auf der Speisekarte italienische Namen trugen, als bei einer britischen Dekoration. Ebenso beeinflusst das Land, in dem ich lebe, was ich esse. Während meiner Zeit in den USA habe ich weder Brezeln noch Maultaschen vermisst, hier in Stuttgart kann ich mich beiden Lebensmitteln kaum entziehen.

Der Abend war nett, und als ich nach Hause komme, sinke ich satt und müde neben meinen Mann auf das Sofa. Er hat eine Tüte Chips aufgemacht und schaut einen Film, während er ab und an geistesabwesend in die Packung greift. Meine Hand streckt sich schon nach den Chips aus, aber dann halte ich inne und beherrsche mich. Ablenkung, insbesondere Fernsehen, erhöht die Kalorienzufuhr. Und ich hatte heute wirklich schon genug.

Wenn ich meinen Tag Revue passieren lasse, fällt mir auf, dass ich nicht alles, was ich gegessen habe, zu essen vorhatte. Und auch die Menge war sicherlich größer als bei einem kleineren Jogurtbecher, weniger Stress, einfarbigen Schokolinsen und ohne Kollegen.

Mir wird bewusst, dass auch ich stärker von den kleinen psychologischen und umweltbedingten Einflüssen gelenkt werde, als mir lieb ist – und das, obwohl ich sie kenne. Sind wir den vielen unbewussten Automatismen und Einflüssen ausgeliefert? Und ist jeder Plan, sich gesünder und ausgewogener zu ernähren, im Vorhinein zum Scheitern verurteilt? Absolut nicht. ist nicht schlimm, mal mehr zu konsumieren als geplant, weil man höflich oder seinen Kindern ein Vorbild sein möchte. Doch es gibt Punkte, an denen wir ansetzen können, ohne uns selbst groß einzuschränken. Etwa indem wir die Gummibärchen nicht auf dem Couchtisch liegen lassen, sondern sie nach einer Hand voll wieder in die Schublade räumen und uns einen Apfel schneiden. Daher ist das Wissen um solche Effekte durchaus hilfreich.

---

30 % der Frauen und 17 % der Männer essen öfter mal aus Frust oder im Stress. [Deutschland, wie es isst. Der BMEL-Ernährungsreport 2017].

Die meisten Forscher konzentrieren sich hauptsächlich auf das Zusammenspiel von Umweltfaktoren und Übergewicht, während das Thema Untergewicht und Mangelernährung oft in den Hintergrund gerät. Dabei könnten sich die beschriebenen Einflüsse auf unser Essverhalten in bestimmten Situationen positiv auswirken. Trinkt jemand zum Beispiel häufig zu wenig, sollte er sich große Wassergläser kaufen. Insbesondere in der Geriatrie oder bei der Behandlung und Rehabilitation von Krebspatienten suchen Ärzte und Pfleger nach Wegen, die Nahrungsaufnahme der Patienten zu steigern, um dem häufig auftretenden Gewichtsverlust entgegenzuwirken. Hier sehe ich eine Chance, die vielen Umwelteinflüsse, die sich für manch einen ungünstig auswirken, zum Vorteil zu nutzen.

Aus: Gehirn & Geist, 5/2018.

Literatur

English L et al 2015 Mechanisms of the portion size effect. What is known and where do we go from here? Appetite 88:39–49

Stroebele-Benschop N et al 2016 First come, first served. Does pouring sequence matter for consumption? Appetite 105:731–736

Stroebele-Benschop N et al (2016) Environmental strategies to promote food intake in older adults: a narrative review. J of Nutr Gerontol Geriatr 35:95–112

Taveras EM et al (2005) Family dinner and adolescent overweight. Obesity 13:900–906

Prof. Dr. Nanette Ströbele-Benschop hat seit 2011 eine Professor für Angewandte Ernährungspsychologie an der Universität Hohenheim, Institut für Ernährungsmedizin, Stuttgart. Sie erforscht, was unser Essverhalten beeinflusst.

Warum Diäten so häufig scheitern

Juliette Irmer

Wer abnimmt, kämpft gegen uralte biologische Programme wie: Kalorien fassen, wann immer möglich. Lassen die sich vielleicht doch austricksen?

Manuelas Gewichtskurve gleicht einer Berg-und Talfahrt: Zweimal ist sie den Comrades, einen Ultramarathon von 89 km Länge in Südafrika, bereits mitgelaufen, hat dafür jedes Mal 20 kg abgenommen und hart trainiert. Kaum war das Rennen vorüber, stieg ihr Gewicht langsam wieder an. Insgesamt hat die 42-Jährige in ihrem Leben mindestens 60 kg ab- und zugenommen – und ist damit keine Ausnahme. Low-Carb, Low-Fat, Weightwatchers oder Diätdrinks – Wege, das eigene Gewicht zu reduzieren, gibt es zahlreiche, und etliche führen bei

J. Irmer (✉)
Freiburg, Deutschland

© Springer-Verlag GmbH Deutschland, ein Teil von Springer Nature 2020
K. Burger (Hrsg.), *Super-Food für Wissenshungrige!*,
https://doi.org/10.1007/978-3-662-61464-8_22

entsprechender Konsequenz zum Ziel. Auch wenn vielen schon dieser erste Schritt schwerfällt, die eigentliche Herausforderung kommt nach dem Abspecken:

🕯 **„Über alle Studien hinweg schaffen es nur wenige Menschen, ihr Gewicht dauerhaft niedrig zu halten" – Christine Brombach.**

„Über alle Studien hinweg schaffen es nur wenige Menschen, ihr Gewicht dauerhaft niedrig zu halten", sagt die Ernährungswissenschaftlerin Christine Brombach von der Zürcher Hochschule für Angewandte Wissenschaften.

Was zunächst unerklärlich scheint: Wochenlang, manchmal gar monatelang versagt man sich Schokolade, Weißbrot und Rotwein, isst stattdessen nährstoffdichte Lebensmittel wie Pellkartoffeln mit Magerquark, lässt das Auto stehen, radelt und geht täglich die empfohlenen 10 000 Schritte – und vergisst all die Entbehrungen, sobald das Wunschgewicht erreicht ist. „Die meisten hören mit allen Veränderungen auf, wenn sie ihr Ziel auf der Waage erreicht haben. Das ist wie ein Medikament gegen hohen Blutdruck, das ich so lange nehme, bis er im Normbereich ist, und dann absetze. Natürlich steigt der Blutdruck dann wieder an, und niemand käme auf die Idee, das erfolgreiche Medikament wieder abzusetzen", sagt Thomas Ellrott, Leiter des Instituts für Ernährungspsychologie der Georg-August-Universität Göttingen. Beim Abnehmen geschieht aber genau das.

In den Industrieländern bezeichnen Wissenschaftler Übergewicht als Epidemie: „Man spricht inzwischen von ›Globesity‹, und die WHO hat Übergewicht und Adipositas zu einem der Hauptprobleme der Zukunft erklärt", sagt Brombach. Gesundheitliche Folgen wie Rückenschmerzen, Diabetes und Herzkrankheiten kosten die Gesellschaft Milliarden, weswegen Forscher weltweit versuchen, das menschliche Essverhalten zu verstehen, um Strategien zu entwickeln, ernährungsbedingten Erkrankungen vorzubeugen. Bislang ist es aber noch keinem Land gelungen, die Zunahme an Übergewicht und Adipositas zu stoppen.

Die Gründe dafür sind vielfältig. Ein besonders starker „Feind" sind unsere jahrtausendealten biologischen Programme. Jedes Tier und jeder Mensch verfolgt bei der Nahrungssuche eine bestimmte Strategie, Evolutionsbiologen nennen das Prinzip „optimal foraging", also optimale Nahrungssuche. So bevorzugen Strandkrabben mittelgroße Muscheln: Große Muscheln sind zu aufwändig zu knacken, und kleine Muscheln sind zwar leicht zu öffnen, bieten aber kaum Nährwert.

Auch der Mensch hat ein solches genetisch tief verankertes Programm, das ihn vor allem kalorienreiche Kost lieben lässt. Aus gutem Grund: Die längste Zeit unserer Stammesgeschichte war Nahrung ein knappes Gut, und wer sich den Bauch vollschlug, wenn sie verfügbar war, hatte die besseren Überlebenschancen. „Übersetzt in einfache Botschaften lauten die Vorgaben: Iss, was du bekommen kannst! Bewege dich nur, wenn es für die Nahrungssuche oder Fortpflanzung unbedingt nötig ist!", sagt Ellrott.

Schlaraffenland gegen biologisches Programm

Bis in die jüngste Zeit waren wir mit dem Programm bestens an unsere Umwelt angepasst – in Schlaraffenlandzeiten richtet es sich jedoch gegen uns: lieber Erdnusslocken, Chrunchips oder crispy Tortillas? Lieber

Cornflakes, Cheerios, Crispies, Loops, Pops oder Müsli – aber welches nur? Früchte-, Schoko- oder Knuspermüsli? Die Zunahme energiedichter Lebensmittel in den vergangenen 50 Jahren ist beispiellos, und die Krönung heißt Nuss-Nougat-Creme, deren Zucker- und Fettzusammensetzung einzigartig ist. Für uns Menschen der ersten Welt sind die heutigen Lebensumstände Fluch und Segen zugleich: Einerseits müssen wir kaum mehr stark körperlich arbeiten und hungern, andererseits können wir der permanenten Kalorienflut nicht viel entgegensetzen. Noch immer sind wir auf kalorienreiche Nahrung programmiert, vor einem „zu viel" mussten wir uns bisher nie schützen. „Darum ist die Veränderung des Ess- und Bewegungsverhaltens so schwierig: Sie fordert ein permanentes Verhaltensmanagement gegen neue und – evolutionsbiologisch betrachtet – ungewohnte Umweltbedingungen", so Ellrott.

Wer glaubt, dass man Tonnen von Lebensmitteln verdrücken müsse, um dick zu werden, täuscht sich. Übergewicht ist die Folge einer positiven Energiebilanz, das heißt, der Körper bekommt mehr Kalorien zugeführt, als er verbraucht, und wandelt diese in Fett um. Allerdings reichen täglich 500 Kilokalorien zu viel, also eine Tafel Schokolade oder 150 Gramm Gummibärchen, um in einer Woche ein Pfund zuzunehmen. Ein Sportmuffel mit Bürojob und durchschnittlichem Grundumsatz hat da schnell schlechte Karten. Zumal wir kein Alarmsystem besitzen, das anspringt, wenn die täglich benötigte Kalorienzufuhr überschritten wird. Und leider existiert bis heute auch keine Wunderpille, die überflüssige Pfunde schmelzen lässt. Momentan erhärten sich zwar die wissenschaftlichen Erkenntnisse, dass unsere Darmflora auch einen erheblichen Einfluss auf das Körpergewicht hat. Noch weiß aber niemand, welche Bakterienkombinationen eigentlich für wen optimal sind. „Bedauerlicherweise gibt es keine validen

Studien, dass die Produkte, die es heute schon zu kaufen gibt, tatsächlich den gewünschten nachhaltigen Effekt auf das Gewicht und keine unerwünschten Nebenwirkungen haben", sagt Ellrott.

Wer abnehmen will, muss also für eine negative Energiebilanz sorgen und hat dafür zwei Stellschrauben: Kalorienzufuhr einschränken und Kalorienbedarf erhöhen. Mittlerweile existiert ein bunter Markt an Hilfsangeboten zum Abnehmen in einer realen Gruppe, in einer virtuellen Community, mit Hilfe eines Coachs, eines Onlineprogramms oder einer App. Allen gemeinsam ist die Stärkung der Motivation: „Man ist nicht mehr allein mit dem Problem, und das gibt einem ein gutes Gefühl", sagt Manuela. Ab einem BMI von 35 sollte man aber eine professionelle Therapie unter ärztlicher Begleitung vorziehen. Im Einzelfall kann auch eine chirurgische Maßnahme wie eine Magenverkleinerung sinnvoll sein. Wer den Kampf gegen sich selbst erfolgreich aufgenommen hat und Gewicht verliert, startet allerdings ein weiteres biologisches Programm: Der Körper fährt seinen Stoffwechsel herunter, braucht also insgesamt weniger Energie – überlebenswichtig in Hungerszeiten, ungemein demotivierend beim Abnehmen. Wer dann abrupt anfängt, normal zu essen, legt noch schneller zu als zuvor, der berühmte Jo-Jo-Effekt.

> „Eigentlich müsste man an eine anfängliche Phase des Abnehmens eine lange Phase anflanschen, die man ,Training des Gewichthaltens' nennen könnte" – Thomas Ellrott.

„Eigentlich müsste man an eine anfängliche Phase des Abnehmens eine lange Phase anflanschen, die man ,Training des Gewichthaltens' nennen könnte", sagt Ellrott. Im professionellen Bereich gibt es das bereits. Denn Essgewohnheiten, die sich ein Leben lang eingeschliffen haben, verändern sich nicht durch eine verhältnismäßig kurze Zeit des Abnehmens.

Ein lebenslanger Kampf statt kurzfristiger Diäten

Ein weiterer Punkt, warum Diäten oft versagen: Viele sind hervorragend geeignet, um abzunehmen. Dauerhaft hält sie aber niemand durch – oder kennen Sie jemanden, der Spagetti, Brot und Kartoffeln für immer aus seinem Leben gestrichen hat? Dennoch sind Diäten nicht von vornherein zum Scheitern verurteilt. Allerdings muss den Menschen, die nicht zu den Glücklichen mit hohem Grundumsatz gehören, eines klar sein: Mit einer schnellen Diät sind die Pfunde meist nicht dauerhaft aus der Welt zu schaffen. Wer mit seinem Gewicht kämpft, hat ein Leben lang damit zu tun – und muss Langzeitstrategien entwickeln. Das Stichwort heißt „kognitive Esskontrolle".

Starre Esskontrollen mit Verboten wie „Ich esse nie wieder Schokolade, Butter oder Chips" sind dabei nicht hilfreich, denn nur ein kleiner „Fehltritt" – eine Hand voll Chips auf einer Party, das Naschen vom Schokokuchen, den die Nachbarin vorbeibringt – kann zum so genannten Deichbruchphänomen führen: „Der Patient gibt seine rigide Esskontrolle über die verbreitete Denkschablone ,Nun ist es auch egal!' schlagartig zu Gunsten einer zügellosen Nahrungsaufnahme auf", so Ellrott. Phasen des maßlosen Essens wechseln sich mit Phasen strenger Diät ab und fördern so die Entstehung von Essstörungen wie Bulimie und Binge Eating Disorder, Heißhungerattacken, bei der man die Esskontrolle verliert.

Besser geeignet ist die flexible Esskontrolle. Auch hier kommt man um eine verminderte Kalorienzufuhr nicht herum, kann sich also nicht vorwiegend von Fertigpizza und Chips ernähren. Aber solche „Sünden" sind, als Ausnahme von der Regel, erlaubt und können in einen Wochenplan eingebaut werden: „Wenn ich diese Woche dreimal eine Stunde joggen gehe, darf ich eine Tüte Chips essen. Man muss neue Gewohnheiten entwickeln, etwa regelmäßige Bewegung einplanen und sich selbst ,austricksen', indem man bestimmte Lebensmittel erst gar nicht einkauft", sagt Brombach. Der beste Schutz sei aber: gar nicht erst zunehmen!

Das heißt auch, sich einmal pro Woche wiegen (Abb. 1). „Regelmäßiges Wiegen beugt einer starken Zunahme vor. Man kann gegensteuern, noch bevor das Kind in den Brunnen gefallen ist", sagt Ellrott. Ein anderer Trick: sich selbst beobachten, indem man alles, was man isst und trinkt, protokolliert oder fotografiert – dank Smartphone fix erledigt. Manuela kennt all diese Tipps. „Vor allem das

Abb. 1 Ein gelegentlicher Blick auf die Waage kann beim Abnehmen helfen. (© Rostislav_Sedlacek/Getty Images/iStock)

Protokollieren hat mir am Anfang ungeheuer geholfen, weil ich mich an etwas festhalten konnte. Auch meine sinkende Gewichtskurve hat mich extrem motiviert." Manches Mal wollte sie schon den Kampf gegen ihre Pfunde aufgeben, sich am liebsten einen Satz „Fettkleider" kaufen und das Leben genießen. Stattdessen hat sie sich zwei Hunde gekauft und für einen Halbmarathon angemeldet.

Interview mit Thomas Ellrott über erfolgreiches Abnehmen

Wenn 100 Menschen erfolgreich abnehmen – wie viele schaffen es, ihr Gewicht dauerhaft zu halten? Das dürfte nur ein kleiner Teil sein, eine verlässliche Zahl gibt es aber nicht. Wissenschaftler haben viele methodische Probleme, diese Frage korrekt zu beantworten. Was bedeutet zum Beispiel „dauerhaft"? Ein Jahr, zwei Jahre, fünf Jahre oder noch länger? Antworten die Befragten auch wahrheitsgemäß, wenn ihnen Fragebögen vorgelegt werden? Und natürlich spielt die zum Abnehmen genutzte Methode ebenso eine Rolle. Grundsätzlich schaffen es nach radikalen Magenoperationen zur Gewichtsreduktion mehr Menschen, das Gewicht dauerhaft zu halten, als bei nicht chirurgischen Maßnahmen.

Was ist der Unterschied zwischen jenen, die wieder zunehmen, und jenen, die es schaffen? Gibt es Persönlichkeits-merkmale, die das Abnehmen und das Halten des Gewichts erleichtern?
Ein besonders hohes Risiko, nach einer Gewichtsabnahme wieder zuzunehmen, haben solche Menschen, die ein sehr impulsives und spontanes Verhalten haben und deren Ess-entscheidungen leicht von außen gestört werden können.

Impulsivität und Störbarkeit des Essverhaltens kann man über Fragebogen messen. In solchen Fällen grätschen quasi äußere Störungen in das geplante Essen hinein. Folge ist wieder, nicht so zu essen, wie man es sich eigentlich vorgenommen hatte und wie es zum Halten des Gewichts auch notwendig wäre. Ganz besonders vertrackt ist es, wenn Impulsivität und Störbarkeit auf eine sehr starre Kontrolle des Essens mit Alles-oder-nichts-Vorgaben treffen. Wer sich auferlegt, überhaupt keine Chips mehr zu essen, für den bedeutet ein einziger Kartoffelchip eine psychologische Katastrophe: Über die Denkschablone „Ich habe es wieder nicht geschafft, jetzt ist es auch egal!" bricht dann typischerweise die gesamte Esskontrolle zusammen und mündet in einen regelrechten Essanfall mit vielen hunderten oder gar tausenden Kalorien.

Was früher die Gene waren, sind heute die Darmbakterien: verantwortlich für Übergewicht, Krankheiten und Ähnliches – spielt die Darmflora tatsächlich eine Rolle beim Übergewicht?
Im Moment erhärten sich die wissenschaftlichen Erkenntnisse, dass das Mikrobiom im Darm auch einen erheblichen Einfluss auf das Körpergewicht hat. Was allerdings noch nicht klar ist: Welche Darmbakterienbesiedlung ist eigentlich für wen optimal? Ich halte es auch für entsprechend gewagt, irgendwelche Bakteriencocktails zu schlucken. Leider gibt es keine randomisierten und placebokontrollierten Studien, dass die Produkte, die es heute bereits zu kaufen gibt, tatsächlich den gewünschten nachhaltigen Effekt auf das Gewicht haben und – fast noch wichtiger – auch keine unerwünschten Nebenwirkungen. Das Mikrobiom und seine Auswirkungen auf die Gesundheit sind wissenschaftlich ein ganz heißes Thema, allerdings ist es für eine wirksame und sichere Anwendung in der Praxis noch zu früh.

Was raten Sie einem Menschen, der abnehmen möchte?

Hier kann es keinen Rat geben, der für alle gleichermaßen gilt. Denn zu groß sind die Unterschiede: Body-Mass-Index? Bauchumfang? Folgekrankheiten? Genetische Disposition? Alter? Geschlecht? Diätgeschichte? Ab einem BMI von 35 spricht man von morbider Adipositas oder Adipositas mit Krankheitsbezug. In einem solchen Fall ist eine professionelle Therapie unter ärztlicher Begleitung sinnvoll. Das kann im Einzelfall auch die chirurgische Therapie sein. Wer darunterliegt, hat vergleichsweise viele Optionen. Dazu zählen heute auch Onlineprogramme zum Abnehmen. Solch ein Programm wie „Abnehmen mit Genuss" von der AOK unterstützt die Teilnehmer über Smartphone und Computer mit vielen nützlichen digitalen Tools, wie Videos zu wichtigen Themen, über Ess- und Bewegungsprotokolle, aber auch über professionelle Coachs sowie eine Community mit anderen Teilnehmern.

Gibt es einfache Regeln oder Ratschläge, was man auch ohne Programme tun kann?

Drei einfache Hilfsmittel sind: erstens ein großes Glas Wasser vor jeder Hauptmahlzeit, zweites einmal pro Woche wiegen und/oder den Bauchumfang messen sowie drittens regelmäßig aufschreiben oder alternativ fotografieren, was man isst und trinkt. Das Wasser vor dem Essen führt dazu, dass zur nachfolgenden Mahlzeit etwas weniger gegessen wird, weil der Magen bereits teilweise gefüllt ist. Regelmäßiges Wiegen beugt einer starken Zunahme vor. Aufschreiben und Fotografieren sind sehr effektive Strategien der Selbstbeobachtung. Gegessen wird meist mehr oder weniger automatisch und parallelisiert zur Erledigung anderer Tagesaufgaben. Ein Protokollieren des Essens erlaubt überhaupt erst, solche Automatismen sichtbar zu machen und nachfolgend zu ändern. Die gute Nachricht ist, dass allein das Protokollieren bereits das Verhalten in günstiger Richtung verändert. Alle drei beschriebenen Hilfsmittel sind praktisch kostenfrei und dürften auch keinerlei Nebenwirkungen haben.

Aus: Spektrum der Wissenschaft Kompakt Gesund Essen, 04/2017.

Juliette Irmer ist Freie Wissenschaftsjournalistin und Fotografin. Sie schreibt unter anderem für Der Standard, FAZ, GEO, Natur, NZZ am Sonntag, Spektrum.de, SZ, Tages-Anzeiger Sie lebt nahe Freiburg.

Fasten: Mehr Köpfchen durch Verzicht

Ulrike Gebhardt

Wer fastet, tut auch seinem Gehirn etwas Gutes: Der Sparstoffwechsel wirkt wie ein Antidepressivum und kurbelt Recyclingprozesse an. Ein freiwilliger Nahrungsverzicht könnte sogar Demenz vorbeugen.

Der Königspinguin ist ein Meister des Fastens. Bis zu fünf Monate im Jahr kommt er ohne einen einzigen Fisch aus, lebt von seinen Fettpolstern und kann so bei bis zu minus 60 Grad Celsius knapp die Hälfte seiner rund 15 kg Körpergewicht verlieren.

Wir sind da anders, ganz anders. Wir essen eigentlich immer, es sei denn, wir schlafen. Die drei Hauptmahlzeiten am Tag sind seit Generationen so tief in unserem Bewusstsein verankert, dass ein Verzicht darauf für die

U. Gebhardt (✉)
Hildesheim, Deutschland

© Springer-Verlag GmbH Deutschland, ein Teil von Springer Nature 2020
K. Burger (Hrsg.), *Super-Food für Wissenshungrige!*,
https://doi.org/10.1007/978-3-662-61464-8_23

meisten Menschen überhaupt nicht denkbar ist. Dazu kommen Snacks für zwischendurch, kühle (und süße) Erfrischungsgetränke und zum Ausklang des Tages ein Glas Wein oder Bier mit dem unverzichtbaren Salzgebäck.

Die Lebensmittelindustrie freut sich, unser Körper weniger. „Wir sind eine Gesellschaft des Überflusses. Nahrung ist immer verfügbar, und gleichzeitig bewegen wir uns kaum", mahnt Dieter Melchart, Professor für Komplementärmedizin und Naturheilkunde an der Technischen Universität München. „Das hinterlässt Spuren" – Spuren in Form von Übergewicht, Diabetes, Bluthochdruck, Schlaganfall, Herzinfarkt oder Alzheimerdemenz.

Ein Blick auf Tiere wie den Königspinguin, auf die Natur, der wir trotz Handy, Hotdog und Hightech-Küche angehören, könnte uns zeigen: Das Leben auf der Erde hat sich im Rhythmus von Tag und Nacht, von Wärme und Kälte, von Überfluss und Mangel entwickelt. Und wir täten wahrscheinlich gut daran, zeitweise zu verzichten und „auch einmal gegen die ewige Esserei anzugehen", wie Melchart betont. „Fasten ist das größte Heilmittel", wusste bereits der Arzt und Philosoph Paracelsus (1493–1541) schon ohne Forschungslabor. Welche Hinweise liefert uns die moderne Wissenschaft für diese These?

Sicher ist: Ein Überschuss an Nahrung schadet dem Körper, gerade auch dem Gehirn. Vor allem der westliche Ernährungsstil mit vielen industriell verarbeiteten, fetthaltigen Lebensmitteln hat sich als fatal für Körper und Geist erwiesen. Dass dagegen der zeitweilige Verzicht aufs Essen etwas in unserem Oberstübchen bewirkt, merkt jeder, der es schon einmal ausprobiert hat. „Sind die schwierigen ersten drei Tage überstanden, steigt die Stimmung bei über zwei Dritteln unserer Patienten", erzählt Naturheilkundler Andreas Michalsen vom

Immanuel Krankenhaus Berlin, wo jährlich rund 800 Menschen der Gesundheit zuliebe freiwillig aufs Essen verzichten.

Auf einen Blick

Die positiven Effekte des Fastens

1. Etliche Menschen verzichten in regelmäßigen Abständen auf Nahrung, sei es aus religiösen oder aus gesundheitlichen Gründen. Tatsächlich dürfte Fasten nicht nur dem Körper allgemein, sondern besonders dem Gehirn guttun.
2. Durch den Nahrungsmangel stellt sich der Stoffwechsel um. Schädliche Substanzen wie Entzündungsmarker nehmen ab, das Nervenwachstum wird dagegen gefördert. Das freiwillige Hungern löst ein euphorisches Gefühl aus und senkt somit das Risiko von Depressionen.
3. Bei Versuchstieren unterdrückt Kalorienreduktion altersbedingte Abbauprozesse im Gehirn und scheint so auch neurodegenerativen Krankheiten und Demenz vorzubeugen. Ob das für Menschen ebenfalls gilt, ist bislang jedoch noch nicht gesichert.

Mehr vom Glücksbotenstoff

Evolutionsbiologisch erscheint es durchaus sinnvoll, dass sich auf kurzzeitiges Hungern ein Wohlgefühl einstellt. „Wer drei Tage nichts zu essen hat und sich dann schläfrig in die Höhle legt, stirbt", erklärt Michalsen. Demnach hat sich im Lauf der Evolution eine Art Fastenprogramm entwickelt. Sobald die Verpflegung knapp wird, schaltet das Gehirn auf „euphorisch" um und sorgt so dafür, dass sich der Mensch eben nicht zurückzieht, sondern aktiv nach Nahrung suchen kann.

🏃 „Sind die schwierigen ersten drei Tage überstanden, steigt die Stimmung bei über zwei Dritteln unserer Patienten" – Andreas Michalsen.

Fasten wirkt dabei ähnlich wie ein Antidepressivum: Der Körper erhält weniger von der Aminosäure Tryptophan, einer Vorstufe des Neurotransmitters Serotonin, die der Organismus nicht selbst herstellen und daher nur über die Ernährung beziehen kann. Vermutlich zum Ausgleich dieses Mangels verringert das Nervensystem an den Synapsen die Anzahl der Serotonin-transporter, die normalerweise den Transmitter hier wieder entfernen. Wie bei einem therapeutisch eingesetzten Serotonin-Wiederaufnahmehemmer, der gegen Depression verschrieben wird, steigen somit an den Nervenendigungen Konzentration, Verweildauer und Wirkung des: „Glücksbotenstoffs" – und mit ihnen hebt sich offenbar auch die Stimmung.

Was passiert, wenn der Mensch mehrere Tage von weniger als 500 Kilokalorien lebt? „Bereits nach 24 h ist der in der Leber gespeicherte Vielfachzucker Glykogen abgebaut", erklärt Melchart. „Danach schreit das Gehirn förmlich nach Zucker und muss den Stoffwechsel umstellen." Prozesse wie die Gluconeogenese kommen in Gang, bei der der Körper Glukose aus Alternativquellen herstellt. Körperfette werden abgebaut und liefern freie Fettsäuren, welche die meisten Gewebe zur Energiegewinnung nutzen können. Das Gehirn zieht seine Energie aus der neu gebildeten Glukose sowie aus Ketonkörpern – organischen Verbindungen, die in der Leber aus Fettsäuren gebildet werden. Dank dieser Prozesse kann ein Mensch je nach Konstitution 30 oder mehr Tage ohne feste Nahrung überleben.

Fasten – aber richtig: Tipps zum gesunden Verzicht

„WER AB UND ZU FASTET, kann auch sonst leichter auf Nahrung verzichten und gewinnt dadurch eine kritische Sicht auf die eigene Lebensweise", sagt Fastenexperte Dieter Melchart von der TU München. Der Mediziner empfiehlt gesunden Menschen ohne Grunderkrankung die von dem deutschen Arzt Hellmut Lützner entwickelte Methode, bei welcher der Fastende eine Woche lang auf feste Nahrung verzichtet und sich stattdessen von Gemüsebrühe, Fastentee, Obst- und Gemüsesäften ernährt. Ein angeleitetes Fasten unter Begleitung von erfahrenen Fachleuten ist empfehlenswert.

FASTEN MUSS ABER NICHT eine Woche Gemüsebrühe bedeuten. Es gibt verschiedene Varianten des Verzichts, die sich je nach Situation und Gesundheitszustand in den Alltag integrieren lassen, wie etwa das Intervallfasten. Dabei wird zum Beispiel fünf Tage in der Woche normal gegessen und an zwei Tagen gefastet, wie es die britische Ernährungswissenschaftlerin Michelle Harvie von der University of Manchester vorschlägt.

LAUT AKTUELLER FORSCHUNG scheint es der Gesundheit ebenfalls zuträglich zu sein, wenn dem Körper immer wieder mal ein größeres Zeitfenster des Nichtessens zugemutet wird. Andreas Michalsen, Professor für Naturheilkunde an der Charité in Berlin, versucht täglich eine 16-stündige Essenspause einzulegen, etwa Abendbrot um 18 Uhr, gefolgt von einem späten Frühstück um 10 Uhr am nächsten Morgen. Der Darm kommt dann einmal richtig zur Ruhe, die Insulinwerte sinken längerfristig, und auch der Spiegel des Nervenwachstumsfaktors BDNF steigt dadurch an.

WER FASTEN MÖCHTE, sollte dies in jedem Fall zuvor mit seinem Arzt besprechen. Nicht empfehlenswert ist der Nahrungsmittelverzicht für alte und gebrechliche Personen, für Kinder, Schwangere, Stillende sowie für Menschen, die zu einer Essstörung neigen.

Gesunde Nager am Hungertuch

Leben am Limit also. Und das soll gut sein, selbst wenn der Härtetest nur ein paar Tage im Wohlfühlambiente einer Fastenklinik stattfindet? „Ja", behaupten zumindest die drei „Starforscher" der Fastenszene: Laut dem amerikanischen Zellbiologen Valter Longo von der University of Southern California in Los Angeles verlangsamt das Fasten Alterungsprozesse und könnte sogar die Behandlung einer Krebserkrankung positiv beeinflussen. Der italienische Biogerontologe Luigi Fontana ergründet am Institute for Public Health an der Washington University in St. Louis die Wirkung des freiwilligen Verzichts auf das Herz-Kreislauf-System. „Fasten ist gut fürs Gehirn", ist auch Mark Mattson vom National Institute on Aging in Baltimore überzeugt. „Es kann die Hirnfunktion optimieren und neurodegenerativen Erkrankungen vorbeugen."

🔹 „Fasten ist gut fürs Gehirn" – Mark Mattson.

Dieser Einschätzung stimmen zwar etliche Biologen und Mediziner zu – die Wirkung des Fastens auf die verschiedenen Organsysteme wurde bisher allerdings hauptsächlich an Tieren untersucht. In den Laboren der Fastenforscher leben Hefen, Fadenwürmer und Fliegen; Favoriten jedoch sind Mäuse und Ratten. Im Käfig mit stets gefülltem Futternapf ähneln die Nager so manchem Couchpotato. Nahrungsmangel wirkt sich in mehrfacher Hinsicht positiv auf sie aus: Müssen sie dauerhaft oder immer wieder mit weniger Kalorien auskommen, leben sie länger und bleiben im Alter gesünder als ihre fülligen Laborgenossen.

Tiere, die zeitweise fasten müssen, zeigen einen ausgeglicheneren Zuckerstoffwechsel; Entzündungsmarker im Blut sinken, ebenso der Blutdruck und der Ruhepuls. Beim Nahrungsentzug tut sich auch etwas im Kopf: Es entstehen mehr neue Nervenzellen aus neuronalen Stammzellen, insbesondere im für das Gedächtnis wichtigen Hippocampus. Die Verschaltungen innerhalb des neuronalen Netzwerks verändern sich, die Zellen knüpfen untereinander neue Verbindungen. Die Versuchstiere schneiden daher besser bei Lern- und Gedächtnistests ab. Neurone von Mäusen, die genetisch anfällig für Erkrankungen wie Epilepsie, Schlaganfall, Alzheimer oder Parkinson sind, scheinen durch die Kalorienreduktion robuster zu werden.

Erhöhte Widerstandskraft

Aus den Tierexperimenten lassen sich laut Michalsen zwei Hauptmechanismen für den günstigen Einfluss des Fastens ableiten: „Signale, die schädlich für das Gehirn sind und einen Verlust von Nervenzellen fördern, nehmen ab, wie ein dauerhaft erhöhter Insulinspiegel oder Entzündungsmediatoren." Andererseits stresse der Nahrungsmangel den Organismus, was physiologische Abwehrmechanismen auf den Plan rufe. So produzieren die Zellen vermehrt Enzyme, die vor reaktiven Sauerstoffverbindungen schützen oder DNA-Schäden reparieren – die Tiere überleben deshalb länger. Ähnlich wie Sport könnte Nahrungsentzug demnach die Widerstandskraft stärken. Dieser Effekt, bei dem sich eigentlich schädliche Einflüsse positiv auswirken, ist als „Hormesis" (griechisch für Anregung, Anstoß) bekannt.

Auf Ebene der Zellen und Moleküle kristallisieren sich mindestens vier Hauptpfeiler für die nützlichen Folgen des Nahrungsverzichts auf das Gehirn heraus: Ketonkörper, BDNF, Mitochondrien und Auto – phagie. Ketone, wie die beim Fettabbau in der Leber produzierte 3-Hydroxybuttersäure, passieren die Blut-Hirn-Schranke und dienen den Nervenzellen neben Glukose als Kraftstoff. Ein ketonreiches Futter führte in Mäusehirnen zu einem Rückgang der alzheimertypischen Eiweißverbindungen 3-Amyloid und Tau, wie Forscher um Mark Mattson 2013 entdeckten. Außerdem zeigten sich die Tiere lernwilliger und weniger ängstlich.

Ketonkörper steigern gleichzeitig die Produktion von Nervenwachstumsfaktoren wie BDNF (brain-derived neurotrophic factor), was wiederum den Selbstschutz und die Vermehrung der Neurone unterstützt. Die BDNF-Produktion der Nervenzellen bei Tier und Mensch lässt im Alter nach – ebenso bei Überernährung, Bewegungsmangel oder bei neurodegenerativen Leiden wie der Parkinson- oder der Alzheimerkrankheit. Hier könnte sich eine scheinbar einfache Lösung anbieten: Wäre es nicht praktisch, BDNF zum Schutz vor Demenz und als eine Art Jungbrunnen therapeutisch zu verabreichen?

„Nein, das funktioniert nicht", sagt Mark Mattson. Der Wachstumsfaktor werde abhängig von der Aktivität einzelner Neurone freigesetzt und wirke individuell auf der Ebene von Synapsen. Das fein regulierte System lasse sich somit nicht direkt, sondern eher indirekt in Gang setzen – durch Sport, weniger Essen und wohl auch durch intellektuelle Herausforderungen.

Kalorienreduktion wirkt sich bei Versuchstieren ebenfalls positiv auf die als „Kraftwerke der Zellen" bekannten Mitochondrien aus. Die Energieerzeugung dieser Zellorganellen verläuft effektiver, und es werden neue gebildet.

Außerdem kurbelt der Nahrungsmangel Recyclingprozesse im Nervengewebe an: Alles, was nicht genutzt wird, etwa geschädigte Makromoleküle oder Organellen, wird verdaut. Dank dieses zellulären Aufräumprogramms namens Autophagie (für dessen Aufklärung der japanische Zellbiologe Yoshinori Ohsumi 2016 den Nobelpreis für Physiologie oder Medizin erhielt) entsorgt die Zelle aus dem Mikroschrott potenziell schädliches Material, das dann wiederum als Rohstoff zur Verfügung steht (Abb. 1).

Unterschiede bei Mann und Maus

Mit all diesen Effekten scheint das Fasten jenen Prozessen entgegenzuwirken, die im Alter schleichend – oder bei neurodegenerativen Erkrankungen wie Alzheimerdemenz erschreckend schnell – die Leistung des Gehirns beeinträchtigen. Die Ernährung beeinflusst bei Versuchstieren offenbar die Hirnstruktur und die Funktion des neuronalen Netzwerks. Doch wie sieht die Studienlage beim Menschen aus? Gelten die bei der Maus ermittelten Ergebnisse auch für Homo sapiens?

Wie Beobachtungen bei der Behandlung von Schmerzpatienten, Rheumatikern, Bluthochdruckpatienten oder Übergewichtigen nahelegen, lindert Fasten die Symptome dieser Leiden. Außerdem verringert es bekannte Risikofaktoren für die Entwicklung von Krankheiten oder Demenz wie oxidativen Stress, Entzündungsmarker oder erhöhte Werte von Blutzucker und Insulin. 2013 fanden Lucia Kerti von der Berliner Charité und ihre Kollegen darauf auch einen indirekten Hinweis: Ein dauerhaft erhöhter Blutzuckerspiegel beeinträchtigt bei Frauen und Männern die Mikrostruktur des Hippocampus. Diese Personen schneiden bei Gedächtnistests schlechter ab als Menschen mit weniger Zucker im Blut.

Fasten beeinflusst den gesamten menschlichen Körper. Im Gehirn verändern sich die Neurochemie und die Aktivität der neuronalen Netzwerke, so dass sich der Organismus auf den Kalorienmangel einstellen kann. Vor allem vier Himregionen, die wichtige Körperfunktionen überwachen, wirken hierbei mit: Hippocampus (Gedächtnis), Striatum (Kontrolle der Körperbewegungen), Hypothalamus (Kontrolle von Nahrungsaufnahme und Körpertemperatur) sowie der Himstamm (Kontrolle des Kreislaufs und der Verdauungssysteme). Das Gehirn kommuniziert wiederum mit allen am Energiestoffwechsel beteiligten Organsystemen. Der Neurotransmitter Azetylcholin regt das parasympathische Nervensystem an, das den Darm, das Herz und die Blutgefäße innerviert. Dadurch steigt die Darmtätigkeit; Herzfrequenz und Blutdruck sinken. Mangels Nachschub sind die in Form des Vielfachzuckers Glykogen gespeicherten Vorräte bald aufgebraucht. Die Leber baut stattdessen Fette ab und produziert hierbei Ketonkörper, welche die Nervenzellen als Alternativbrennstoff zur Energieerzeugung nutzen können. Leber- und Muskelzellen reagieren empfindlicher auf das den Blutzuckerspiegel regulierende Hormon Insulin. Außerdem reduziert das Fasten in den Organen sowie im Gehirn schädliche Abbauprozesse durch Entzündungsreaktionen und oxidativen Stress durch Sauerstoffradikale.

Cell Metab. 19, S.181–192. 2014

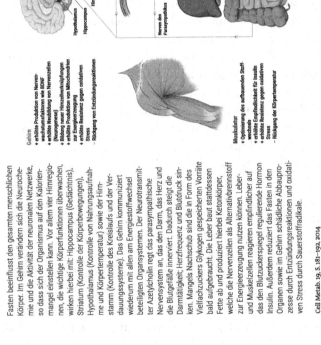

Gehirn
+ erhöhte Produktion von Nervenwachstumsfaktoren wie BDNF
+ erhöhte Neubildung von Nervenzellen (Neurogenese)
+ Bildung neuer Hirnzellverknüpfungen
+ erhöhte Produktion von Mitochondrien zur Energieerzeugung
+ erhöhte Resistenz gegen oxidativen Stress
- Rückgang von Entzündungsreaktionen

Blutgefäße
- Rückgang des Blutzuckerspiegel senkenden Hormons Insulin
- Rückgang des Sättigungshormons Leptin
+ Zunahme des Hungerhormons Ghrelin
+ erhöhte Produktion von Ketonkörpern als alternative Energiequelle

Herz
- reduzierter Herzschlag
- reduzierter Blutdruck
+ erhöhte Resistenz gegen oxidativen Stress

Leber
+ erhöhter Glykogenabbau
+ erhöhte Neubildung von Glukose (Glukoneogenese)
+ erhöhter Fettabbau
+ erhöhte Produktion von Ketonkörpern als alternative Energiequelle
+ erhöhte Empfindlichkeit für Insulin

Darm
- reduzierte Energieaufnahme
- Rückgang von Entzündungsreaktionen
- Rückgang der Zellvermehrung

Muskulatur
+ Optimierung des aufbauenden Stoffwechsels
+ erhöhte Empfindlichkeit für Insulin
+ erhöhte Resistenz gegen oxidativen Stress
- Rückgang der Körpertemperatur

Abb. 1 Wie sich Nahrungsverzicht auf die Organe auswirkt. (© Yousun Koh)

Bei der Übertragung der molekularen Fasteneffekte vom Nager auf den Menschen gibt es jedoch Grenzen. Mann und Maus sind einfach unterschiedlich. Beispielsweise nimmt im Hippocampus die Neubildung von Nervenzellen bei Nagetieren im Alter wesentlich stärker ab als beim Menschen. Positive Effekte auf diese Neu-rogenese, die bei hungernden Versuchstieren auftreten, müssen daher beim Zweibeiner keinesfalls so deutlich ausfallen. Ein anderes Beispiel: Das an der Apetitregulation und der Steuerung des Schlaf-wach-Rhythmus beteiligte Neuropeptid Ghrelin verstärkt die Gedächtnis- und Lernleistungen von Mäusen. Aber beim Menschen konnte 2016 das Team um Martin Dresler vom Max-Planck-Institut für Psychiatrie in München keine gesteigerte Gedächtnisleistung durch zusätzlich verabreichtes Ghrelin nachweisen.

„Mark Mattson hat in unzähligen Versuchen gezeigt, dass Fasten die Entstehung neurodegenerativer Krankheiten bei Tieren hemmen kann", erklärt Andreas Michalsen. „Doch jetzt befinden wir uns in einer Übergangsphase." Was bei der Labormaus zunächst viel versprechend erscheine, müsse sich nun in Untersuchungen am Menschen beweisen. Noch fehlen kontrollierte Studien, die vor, während und nach einer Fastenphase das Hirnvolumen, die synaptische Plastizität und die Hirnleistung messen sowie die Hirnflüssigkeit biochemisch analysieren.

Dennoch braucht niemand zu warten, bis Studienergebnisse dieser Art vorliegen und auf geeignete Präventionsstrategien für den Menschen schließen lassen. Die positiven Wirkungen des Fastens gelten bereits seit Paracelsus als unbestritten. Das Gute am Fasten – wie auch an gesunder Ernährung oder sportlicher Ertüchtigung –: Jeder kann etwas tun. „Wenn der Körper gut erhalten wird, sinkt das Risiko für Diabetes", betont Michalsen.

Es sei keineswegs selbstverständlich, in fortgeschrittenem Alter dieser Krankheit zu erliegen. Menschen aus ursprünglichen Völkern fernab der westlichen Zivilisation bekämen im Alter keinen dicken Bauch, keinen Diabetes und auch keine Alzheimerdemenz – genauso wenig wie der Königspinguin auf seiner antarktischen Insel.

Aus: Gehirn&Geist, 3/2017.

Literatur

Kunath M et al: Ghrelin modulates encoding-related brain function without enhancing memory formation in humans. NeuroImage 142:465–473

Marosi, K, Mattson, MP (2014) BDNF mediates adaptive brain and body responses to energetic challenges. Trends Endocrinol Metab 25:89–98

Murphy T et al (2014) Effects of diet on brain plasticity in animal and human studies: mind the gap. Neural Plast, 563160

Van Praag H et al (2014) Exercise, energy intake, glucose homeostasis, and the brain. J Neurosci 34:15139–15149

Wahl D et al (2016) Nutritional strategies to optimise cognitive function in the aging brain. Ageing Res Rev 31:80–92

Dr. Ulrike Gebhardt ist promovierte Biologin und Wissenschaftsjournalistin. Sie arbeitet u.a. für das Autorenteam „Riffreporter". Publiziert in spektrum.de, Neue Züricher Zeitung sowie medscape.com.

Übergewicht durch Darmflora

Philippe Gérard

Die Mikroben im Verdauungstrakt wirken sich auf unseren Taillenumfang aus. Bestimmte Typen fördern zudem das Erkrankungsrisiko für Arteriosklerose und Diabetes. Die gute Nachricht: Zumindest bei Tieren lässt sich Adipositas durch Bakterientransplantationen rückgängig machen.

Wie kommt es zu Übergewicht und Fettleibigkeit? Sind es die Gene? Der Lebensstil? Sicher spielen beide Faktoren hier eine wichtige Rolle. Daneben rückt jedoch die Zusammensetzung der Darmflora zunehmend in den Fokus der Aufmerksamkeit. Forscher bezeichnen diese als intestinale Mikrobiota und die Gesamtheit ihrer

P. Gérard (✉)
Paris, Frankreich

© Springer-Verlag GmbH Deutschland, ein Teil von Springer Nature 2020
K. Burger (Hrsg.), *Super-Food für Wissenshungrige!*,
https://doi.org/10.1007/978-3-662-61464-8_24

Gene beziehungsweise Genome als Mikrobiom. Weltweit waren im Jahr 2005 rund 1,6 Mrd. Erwachsene übergewichtig und von ihnen mindestens 400 Mio. adipös – mit steigender Tendenz. Für Deutschland ermittelte das Robert Koch-Institut vor fünf Jahren bei 67 % der Männer und 53 % der Frauen Übergewicht und bei über 23 % beider Geschlechter Fettleibigkeit. Diese Entwicklung ist insbesondere deshalb bedenklich, weil Adipositas ein gesteigertes Risiko für viele Erkrankungen birgt, von Diabetes mellitus und Arteriosklerose bis hin zu Leberleiden und verschiedenen Krebsarten. Die Rolle der Darmflora für unsere Gesundheit geriet erst Ende des 20. Jahrhunderts verstärkt ins Blickfeld der Medizin.

Der Verdacht, dass die unzähligen Mikroorganismen, die den Verdauungstrakt besiedeln, auch bei Übergewicht ein Wörtchen mitreden könnten, kam Anfang des 21. Jahrhunderts auf. Mittlerweile bestärken ihn zahlreiche wissenschaftliche Untersuchungen. Die meisten erfolgten an Labortieren – meistens Mäusen –, die von Geburt an keimfrei gehalten wurden und somit bis zum Beginn der Studien keine Mikrobiota besaßen. Wie sich zeigte, lässt sich das Gewicht der Nager tatsächlich über Darmbakterien manipulieren. Zudem weisen fettleibige Menschen eine Mikrobenmischung auf, die aus dem Gleichgewicht geraten zu sein scheint. Normalerweise kommt ein Kind erstmals während der Geburt mit Darmbakterien in Kontakt, die dann rasch seinen Verdauungstrakt besiedeln. Hauptlieferant dafür ist die fäkale Mikrobiota der Mutter. Bei Kaiserschnittkindern setzt sich die Darmbesiedlung daher anders zusammen – was nach bisherigem Wissen aber keinen Einfluss auf späteres Übergewicht hat. Das Neugeborene erhält von seinen Eltern, mit der Nahrung und aus der sonstigen Umwelt bald weitere Bakterien. Dadurch entwickelt sich in ihm nach und nach eine zunehmend komplexere Darmflora. Doch erst beim Zweijährigen ähnelt sie annähernd der von Erwachsenen. Insgesamt gesehen tragen zu ihr rund 1000 verschiedene Arten bei.

Auf einen Blick

Wenn Bakterien dick machen

1. Das Mikrobiom des Darms – das Erbgut der Darmflora – stellt quasi unser „zweites Genom" dar. Es stammt von Bakterien und anderen Mikroorganismen, zusammen als intestinale Mikrobiota bezeichnet.
2. Die Darmflora jedes Menschen ist einzigartig. Dennoch weist sie bei Fettleibigkeit grundsätzlich andere Charakteristika auf als bei Normalgewicht. Studien an Mäusen zufolge begünstigen bestimmte Zusammensetzungen von Bakterien Adipositas, andere schützen davor.
3. Die neuen Erkenntnisse lassen auf effektivere Therapien gegen Übergewicht hoffen. Möglicherweise ließe sich Adipositas mit Hilfe von Präbiotika entgegensteuern: Nahrungsinhaltsstoffe, die Wachstum oder Aktivität bestimmter Bakterien fördern.

Die Bezeichnung „Darmflora" ist, obwohl gebräuchlich, streng genommen nicht korrekt, da es sich bei ihr nicht um pflanzliche Organismen handelt. In unserem Verdauungstrakt leben über 10^{14} Bakterien, wobei die Besiedelung im Enddarm mit 10^{11} Mikroben pro Gramm Stuhl am dichtesten ist. Somit beherbergen wir zehnmal so viele Bakterien, wie wir Körperzellen haben. Zusammen ergeben diese inneren Bewohner annähernd ein Kilogramm. Hinzu kommen so genannte Einzeller, also Organismen mit echtem Zellkern, darunter Hefepilze und Protozoen. Über deren Menge und Funktionen wissen wir allerdings noch sehr wenig.

Jedem seine persönliche Ausstattung

Bis in die 1980er Jahre ließen sich Darmbakterien nur bestimmen, wenn man sie im Labor züchtete. Damit vermochte man allerdings nur etwa 30 % von ihnen zu erfassen, weil viele dieser Mikroben außerhalb ihrer besonderen Umwelt schwer kultivierbar sind. Heute kann man sie statt dessen mit molekulargenetischen Methoden anhand charakteristischer Erbsequenzen nachweisen. Wie wir dadurch wissen, gehören die im Darm vorherrschenden Bakterien zu drei großen Gruppen oder „Abteilungen": den Firmicutes, den Bacteroidetes und den Actinobacteria.

Von diesen bilden anscheinend einige Dutzend Arten – zumindest im Enddarm – einen den meisten Menschen gemeinsamen Grundstock, was für eine weit zurückliegende gemeinsame Herkunft dieser Besiedlung spricht. Doch die übrigen Arten der genannten drei Großgruppen, also die weit überwiegende Mehrzahl, sind von Mensch zu Mensch verschieden zusammengesetzt. Außerdem besitzt offenbar jeder sein individuelles Spektrum an dominierenden Arten, und dieses persönliche Bakterienprofil scheint sich jahrelang zu halten.

Für uns hat die intestinale Mikrobiota zahlreiche, zum Großteil nützliche Funktionen. Zu den Hauptaufgaben der Darmbakterien gehört: den Nahrungsbrei im Dickdarm aufschließen; eine Barriere gegen Krankheitserreger bilden, die über den Darm in den Körper eindringen könnten; bestimmte Vitamine herstellen, die wir aufnehmen; Entwicklung und Reifung des Darmimmunsystems fördern; die Zellen der Darmschleimhaut in ihrer Funktion unterstützen, uns gesund zu erhalten. Seit Mitte des 20. Jahrhunderts erzeugen Züchter für verschiedenste medizinische Studien Labortiere – in der Regel Ratten oder Mäuse – ohne Darmbakterien. Die Nager werden, zumindest in der ersten Generation, per Kaiserschnitt zur Welt gebracht und völlig steril gehalten. Physiologisch sind einige Auswirkungen des Defizits an ihnen deutlich erkennbar. So ist ihre Darmwand dünner, und ihr Kot ist weicher. Manches davon normalisiert sich aber binnen weniger Wochen, wenn man ihnen eine komplexe Darmflora überträgt, und mitunter genügt dazu schon eine einzige Bakterienart.

Bereits 1983 hatten Bernard Wostmann und seine Kollegen von der University of Notre Dame (Indiana) beobachtet, dass Nagetiere ohne Darmflora 30 % mehr Kalorien als normal gehaltene Artgenossen fressen müssen, um ihr Körpergewicht zu halten. Allerdings blieben diese Ergebnisse unbeachtet, bis die Arbeitsgruppe um Jeffrey Gordon von der Washington University in St. Louis (Missouri) 2004 erstmals einen Einfluss der Darmbesiedlung auf die Entstehung von Adipositas postulierte.

Die Forscher wiesen damals nach, dass Mäuse mit normaler Mikrobiota 42 % mehr Körperfett haben als gleich alte Mäuse desselben Stamms ohne Darmflora. Überimpften sie den bislang keimfreien Tiere jedoch eine Darmmikrobiota, so nahm ihr Körperfett binnen zwei Wochen um 60 % zu – und das sogar bei weniger Futter als vorher. Wie erklärt sich dieser drastische Effekt? Offenbar hat die Darmflora eine Schlüsselfunktion für die Fetteinlagerung inne. Hierfür sprach auch ein weiterer Befund von Gordons Team: Keimfreie Mäuse blieben sogar bei fettreichem Futter mager – obwohl sie es tüchtig fraßen. Eine ähnliche Beobachtung machte unsere eigene Gruppe bei INRA (dem Institut National de la Recherche Agronomique) in Jouy-en-Josas südlich von Paris: Bei fetthaltiger Ernährung nahmen die steril lebenden Mäuse nur ein Drittel so viel zu wie Mäuse mit Darmflora.

Interessanterweise wich zugleich ihr Zucker- und Fettstoffwechsel ab. Zum Beispiel wiesen sie einen niedrigeren Blutzucker- und Insulinspiegel auf. Sie konnten außerdem ihren Blutzuckerspiegel bei Zufuhr von Kohlenhydraten besser steuern. Und trotz fettreicher Nahrung waren ihre Blutfettwerte niedriger als bei mit Bakterien besiedelten Artgenossen, aber der Cholesteringehalt in der Leber lag höher.

Um die Rolle von Darmbakterien bei diesen Phänomenen zu erkennen, untersuchten wir die Darmflora von Mäusen, die wegen eines Gendefekts fettleibig sind. Diesen Tieren fehlt das Hormon Leptin, das gefüllte Fettspeicher anzeigt und den Appetit reguliert. (Bei übergewichtigen Menschen funktioniert diese Rückkopplung allerdings oft nicht gut, weil die für das Signal eigentlich empfindlichen Hirnzellen darauf nicht mehr stark genug ansprechen.) Wie sich herausstellte, besitzen diese dicken Tiere tatsächlich ungewöhnlich viele Firmicutes-Bakterien und weniger Bacteroidetes als normal. Hinzu kommt eine auffallend große Anzahl von Methan bildenden Archaebakterien oder Archaea, die zu einer eigenen Domäne der Lebewesen zählen.

Verhilft diese andere Darmflora womöglich zu einer besseren Nahrungsverwertung? Können solche Mäuse deswegen die Energie im Futter intensiver verwerten und leichter als Fett speichern? Unsere Studien bestätigten den Verdacht. Zum einen fanden sich im Mikrobiom der fettleibigen Leptinmangel-Mäuse im Verhältnis mehr Gene, deren Proteine komplexe Zuckerverbindungen (Polysaccharide) aufschließen – was für eine gründlichere Ausnutzung der Nahrung spricht. Zum anderen enthielt ihr Kot tatsächlich weniger Restkalorien als der von schlanken Artgenossen. Als wir dann sterilen Mäusen Darmflora entweder von solchen fetten Artgenossen oder von „normalen", schlanken Tieren übertrugen, bestätigte sich der vermutete Zusammenhang: Im ersten Fall setzten die bisher keimfreie Mäuse mehr Fett an als im zweiten. Mit den Mikroben der dicken Mäuse hatten sie offensichtlich auch deren Eigenschaften übernommen, die einer gesteigerten Fettspeicherung Vorschub leisten.

Wie wir später feststellten, entwickelten jene Tiere auch die damit verbundenen Stoffwechselstörungen. Erhalten genetisch „normale" Mäuse eine fettreiche Kost, bekommt ein Teil von ihnen – nicht alle – Insulinresistenz (also „Altersdiabetes"), Leberverfettung (wobei die Leberzellen zu viel Fett einlagern) oder andere typische Erkrankungen bei Übergewicht. Um den Zusammenhang genauer zu erfassen, verwendeten wir als Kotspender zwei gleich dicke Mäuse, die zuvor beide 16 Wochen lang fettes Futter gefressen hatten. Eines dieser beiden Tiere war dadurch insulinresistent geworden und hatte eine Fettleber entwickelt, das andere war gesund geblieben. Und tatsächlich: Mit der Darmflora der kranken Maus wurden bis dahin keimfreie Mäuse ebenfalls krank. Ihr Blut wies erhöhte Zucker- und Insulinwerte auf, typische Anzeichen eines gestörten Zuckerstoffwechsels. Zugleich war ihre Leber verfettet. Mäuse mit der Darmflora des gesund gebliebenen, wenn auch dicken Tiers blieben dagegen auch selbst.

Die Macht der Darmflora

Von Geburt an steril gehaltene Mäuse – die folglich auch keine Darmflora besitzen – wiegen weniger als normal gehaltene Artgenossen und haben vor allem weniger Speck. Überträgt man ihnen Kot einschließlich Darmbakterien von anderen Tieren, nehmen sie danach selbst bei knapper Kost zu. Mehrere Prozesse könnten dabei mitwirken: Darmbakterien zerlegen ansonsten unverdauliche komplexe Kohlenhydrate in einfache Zucker, die der Organismus aufnehmen kann. Daraufhin steigt die Synthese von Fetten, unter anderem von Triglyzeriden, in der Leber. Auch die Darmflora selbst liefert kurzkettige Fettsäuren. Allesfresser bekommen darüber etwa 10 % ihres Kalorienbedarfs, Wiederkäuer bis zu 70 %. Bei den Mäusen hemmt die neue Darmflora zudem die Produktion eines Proteins – Angptl4 – von Schleimhautzellen des unteren Dünndarms. Dieses Protein hemmt seinerseits das Enzym Lipoproteinlipase, das für die Einlagerung von Lipiden im Fettgewebe notwendig ist (Abb. 1).

Ein Kandidat als Dickmacher: Eine einzige Mikrobenart kann genügen!

Dass die Darmflora zur Entstehung von Adipositas und ihren Folgeerkrankungen beitragen kann, belegen immer mehr Untersuchungen dieser Art. Aber welche Bakterien mögen dafür verantwortlich sein? Kürzlich entdeckten Forscher der Universität von Schanghai etwas Erstaunliches. Sie isolierten einen möglichen Kandidaten – Enterobacter cloacae B29 – aus dem Kot eines fettleibigen Menschen und übertrugen jenes Bakterium auf

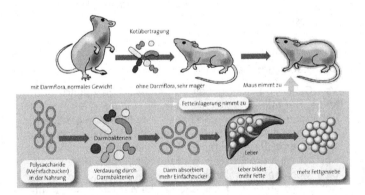

Abb. 1 Übertragung von Darmabakterien bei Mäusen. (© SPEKTRUM DER WISSENSCHAFT/ BUSKE-GRAFIK, NACH: POUR LA SCIENCE)

sterile Mäuse. Als diese nun fettreiches Futter erhielten, wurden sie dick! Die Wissenschaftler hatten niemals damit gerechnet, dass eine einzige Mikrobenart dergleichen vermag. Bisher galt, dass es dafür einer komplexen Mikrobiotamischung bedarf.

Einen umgekehrten Effekt wies eine Gruppe um Patrice Cani von der Université catholique de Louvain (in Louvain-la-Neuve, Belgien) für die Spezies Akkermansia muciniphila nach. Dieser Organismus, der sich vom Schleim auf den Darmzellen ernährt, kann offensichtlich vor Fettleibigkeit schützen. Bei einem gesunden Menschen macht er drei bis fünf Prozent der Darmmikrobiota aus. Nach den Beobachtungen der Forscher ging die Besiedelung mit diesem Keim deutlich zurück, wenn die Mäuse bei fettreicher Ernährung tendenziell kräftig zunahmen. Also übertrugen sie den adipös gewordenen Nagern das Bakterium künstlich – und diese verloren wieder Gewicht. Insbesondere sank der Anteil an Körperfett, und gleichzeitig reagierten die Mäuse besser auf Insulin.

Auch bei schlanken und bei übergewichtigen Menschen treten die im Darm vorherrschenden Bakteriengroßgruppen in unterschiedlichen Verhältnissen auf. Die erste Untersuchung dazu publizierte Gordons Team 2006. Demnach beherbergen adipöse Personen relativ weniger Bacteroidetes und mehr Firmicutes als schlanke Leute, also ähnlich, wie wir es bei Mäusen festgestellt hatten. Verändert sich dann die Zusammensetzung der Darmflora, wenn jemand abnimmt? Um dies herauszufinden, hielten zwölf adipöse Studienteilnehmer eine entweder fett- oder kohlenhydratarme kalorienreduzierte Diät. Gelang es ihnen damit, entsprechend abzunehmen, stellte sich ein Bakterienprofil ähnlich dem von schlanken Personen ein. Die Art der Diät war dafür egal. Dabei spiegelte der Anteil an Bacteroidetes regelrecht die abgespeckten Pfunde: Je mehr Gewicht ein Teilnehmer verlor, desto mehr nahmen diese Mikroben zu.

Jenen Pionieruntersuchungen an Menschen folgte eine Reihe weiterer Studien von anderen Forschern. Die Ergebnisse sind allerdings teils widersprüchlich. Auch ob Bacteroidetes-Bakterien möglicherweise vor Übergewicht schützen könnten, wird daraus nicht klar. Eine der Studien untersuchte beispielsweise erwachsene ein- und zweieiige Zwillinge – in der Annahme, dass ein ungleiches Körpergewicht genetisch identischer Zwillinge auf die Darmflora zurückgehen könnte. In dieser Erhebung bestätigte sich zwar der frühere Befund, wonach der Anteil von Bacteroidetes bei Übergewicht geringer ist als bei Normalgewicht. Doch war der relative Gehalt an Firmicutes diesmal in beiden Fällen gleich, während dagegen mehr von der dritten Hauptbakteriengruppe, den Actinobacteria, vorkam. Andere Studien fanden wiederum keinen Unterschied des Bacteroidetes-Anteils bei schlanken und übergewichtigen Menschen. Und einige stellten bei Fettleibigkeit sogar verhältnismäßig mehr Bakterien aus dieser Gruppe fest.

Zwischen 2008 und 2012 untersuchte das internationale Konsortium MetaHIT (Metagenomics of the Human Intestinal Tract) das menschliche Darmmikrobiom in einem von der EU geförderten mehrjährigen Großprojekt. Unter einem Metagenom verstehen Forscher das Gesamtgenom aller Organismen in einem System. 123 normalgewichtige und 169 adipöse Probanden aus Dänemark nahmen an einer großen Studie teil, die von INRA koordiniert wurde und an der sich 14 staatliche und industrielle Forschungseinrichtungen aus Europa und China beteiligten.

Mittels einer so genannten quantitativen Metagenomanalyse bestimmten die Forscher von allen 292 Teilnehmern die genetische Vielfalt ihrer Darmfloren und die relativen Mengen der einzelnen bakteriel len Sequenzen. Zählte man die Anzahl der bakteriellen Gene, ließen sich bei den Probanden zwei Gruppen erkennen: Etwa ein Viertel von ihnen besaß ein eher ärmliches Mikrobiom mit weniger als einer halben Million verschiedener Bakteriengene; bei den übrigen drei Vierteln herrschte mit durchschnittlich 600 000 mikrobiellen Genen eine deutlich größere Genvielfalt – was für eine höhere Bakterienvielfalt spricht.

Artenarme und artenreiche Mikrobiota kommen zwar sowohl bei adipösen als auch bei normalgewichtigen Menschen vor. Allerdings erhöhen eine relativ arme Darmflora und Übergewicht das Risiko für all die typischen Begleiterkrankungen wie Altersdiabetes, Fettstoffwechselstörungen, Leber- und Herz-Kreislauf-Erkrankungen oder sogar einige Krebsarten. Zudem zeigte sich, dass Schlankheitsdiäten bei dicken Menschen mit einer vergleichsweise reichhaltigen Darmflora erfolgreicher verlaufen.

Insgesamt ließen diese Daten keine enge Beziehung zwischen einer bestimmten Sorte von Mikrobiota und Adipositas erkennen. Eher sah es so aus, als ob eine Kombination von Umwelt- und genetischen Faktoren zu einer individuellen Zusammensetzung der Darmflora beiträgt, welche möglicherweise eine übermäßige Gewichtszunahme fördert. Ob die beim Menschen festgestellten Unterschiede des Darmlebens Ursache oder Folge von Fettleibigkeit sind, blieb jedoch ungewiss.

Bei diesem Stand der Erkenntnisse kam das Team von Gordon auf die Idee, keimfrei aufgezogenen Mäusen menschliche Darmbakterien zu übertragen. Für die Stuhlspenden wählten die Forscher ein eineiiges Zwillingspaar. Eine der Schwestern war normalgewichtig, die andere fettleibig. Und wirklich blieben die Mäuse im einen Fall schlank und wurden im anderen dick. Doch wenn beide

Tiergruppen nach der Stuhltransplantation zusammen im selben Käfig lebten, blieben erstaunlicherweise auch die Mäuse der zweiten Gruppe dünn.

Weil Mäuse Kot von Artgenossen fressen, können sie ihre Mikrobiota austauschen. Das dürfte in diesem Fall geschehen sein, und offenbar vermochte die Darmflora der schlanken Frau diejenige der adipösen Zwillingsschwester zu verdrängen. Das galt insbesondere für Bacteroidetes sowie einige andere Komponenten von der schlankeren Frau. Nach diesen Befunden scheint es nicht nur zumindest einen Typ von Mikrobiota zu geben, der Adipositas fördert. Sondern es scheint auch eine Mikrobiota zu existieren, die davor zu schützen vermag – und die überdies eine andere Darmflora übertrumpfen kann. Eventuell ließe sich diese Erkenntnis für Menschen mit Übergewicht therapeutisch nutzen.

Stuhltransplantationen werden seit den 1960er Jahren bei Patienten vorgenommen, bei denen wiederkehrende schwere, mitunter lebensbedrohliche Darmentzündungen durch Clostridium difficile auftreten. Manchmal hilft diese Maßnahme drei- bis viermal so gut wie eine Antibiotikabehandlung. Bei fettleibigen Patienten wandten Ärzte in Groningen das Verfahren erstmals an. Die ausgewählten Patienten litten unter einem so genannten metabolischen Syndrom, dem typischen Erscheinungsbild eines gestörten Zucker- und Fettstoffwechsels bei Adipositas. Sie erhielten Stuhlaufschlüsse von schlanken Personen. Danach nahmen sie zwar nicht ab, jedoch verbesserte sich ihre Empfindlichkeit für Insulin, und das hielt noch sechs Wochen später an.

Als Standardtherapie gegen Fettsucht und deren Begleiterscheinungen eignet sich eine Stuhltransplantation daher vielleicht nicht. Immerhin scheint es damit nach den ersten Erfahrungen aber möglich zu sein, die Darmflora und hierüber einige physiologische Parameter günstig zu beeinflussen. Auch über die Ernährung, insbesondere durch so genannte Präbiotika, lässt sie sich manipulieren. Viele dieser „Ballaststoffe" sind für uns unverdauliche Polysaccharide, von denen aber bestimmte Bakterien profitieren. Würde es gelingen, die Balance der Darmbewohner günstiger einzustellen, könnte das zusammen mit anderen gewichtsreduzierenden Maßnahmen dazu beitragen, Übergewicht entgegenzusteuern.

Aus: Spektrum der Wissenschaft, Februar 2016.

Literatur

Gérard P Gut Microbiota and obesity. In: Cellular and molecular life sciences CMLS, 10/2015. https://doi.org/10.1007/s00018-015-2061-5

Le Roy T et al (2013) Intestinal microbiota determines development of non-alcoholic fatty liver disease in mice. Gut 62:1787–1794

Palau M et al 2015 Metabolomic insights into the Intricate Gut Micro-bial-host interaction in the development of obesity and type 2 diabetes. In: Frontiers in Microbiology 10/. https://doi.org/10.3389/fmicb. 2015.01151

Ridaura VK et al (2013) Gut microbiota from twins discordant for obesity modulate metabolism in mice. In: Science 341, 1079

Philippe Gérard ist Wissenschaftler am MICALIS-Institut in Jouy-en-Josas bei Paris. Die Einrichtung führt Forschungen von INRA (dem Institut National de la Recherche Agronomique) und AgroParisTech zusammen und untersucht die Mikrobenwelt der Ernährung.

Wenn der Bauch das Gehirn krank macht

Valérie Daugé, Mathilde Jaglin,
Laurent Naudon und Sylvie Rabot

Manche psychischen und neurologischen Störungen gehen mit einer abweichenden Zusammensetzung der Darmbakterien einher. Das eröffnet einen ungewöhnlichen Behandlungsweg.

Unser Darm beherbergt nach herkömmlicher Auffassung annähernd 100 Billionen (10^{14}) Bakterien. Sie umfassen rund 1000 verschiedene Arten und damit eine enorme genetische Vielfalt. Fachleute sprechen oft vom Mikrobiom des Verdauungstrakts oder von unserer inneren Mikrobiota. Der erste Begriff bezeichnet insbesondere die Gesamtheit der Gene jener Bakterien, der zweite die zugehörigen Organismen insgesamt.

V. Daugé (✉) · M. Jaglin · L. Naudon · S. Rabot
Jouy-en-Josas bei Paris, Paris, Frankreich

© Springer-Verlag GmbH Deutschland, ein Teil von Springer Nature 2020
K. Burger (Hrsg.), *Super-Food für Wissenshungrige!*,
https://doi.org/10.1007/978-3-662-61464-8_25

Mediziner begreifen die Darmflora inzwischen als ein regelrechtes Organ an der Schnittstelle zwischen Verdauungstrakt und aufgenommener Nahrung. Denn sie hilft nicht nur diese aufzuschließen. Vielmehr tauschen die Bakterien mit der Darmwand auch molekulare Signale aus und kommunizieren so über das Blut-, Nerven- und Immunsystem mit dem gesamten Organismus – nicht zuletzt mit dem Gehirn.

Eine Bestandsaufnahme der Gene der Darmflora und der von ihr produzierten Substanzen kam dank der immer ausgefeilteren Analysemethoden seit Anfang des 21. Jahrhunderts gut voran. Dabei fanden Forscher eine Menge Beziehungen zwischen unserer inneren Mikrobiota und verschiedensten Vorgängen im Körper.

Offenbar gehen sogar bestimmte Hirnerkrankungen mit einem gestörten Gleichgewicht in der Darmflora – einer Dysbiose oder allgemeiner Dysbakterie – einher. Hierzu zählen als hepatische Enzephalopathie bezeichnete Hirnfunktionsstörungen, die sich unter anderem in Angstzuständen, auffälligen Stimmungen und kognitiven Einbußen äußern. Die Symptomatik tritt auf, wenn die Leber den Körper wegen eines Stoffwechseldefekts ungenügend entgiftet, aber zugleich ist dafür eine bestimmte Zusammensetzung der Darmflora typisch. Dann produziert diese ungewöhnlich viel schädliche Stoffe wie Ammoniak, die eigentlich entsorgt werden müssen, sich nun jedoch in Blut und Gehirn anreichern.

Auf einen Blick

DIE DARM-HIRN-ACHSE

1. Die Darmflora beeinflusst Verhalten und Stimmung, indem ihre Bakterien über die Blutbahn und das Nervensystem mit dem Gehirn kommunizieren.
2. Einige psychische Erkrankungen und Entwicklungsstörungen von Hirnfunktionen könnten mit einer

abweichenden Zusammensetzung dieser Mikrobiota zusammenhängen. Der Verdacht besteht etwa für bestimmte Formen von Autismus, Depression und Angsterkrankungen.

3. Eine Reihe von Studien, bisher meist an Tieren, lassen hoffen, dass manche dieser Krankheiten und Defekte gemildert werden können, wenn man das mikrobielle Gleichgewicht im Darm normalisiert.

Solche neuropsychiatrischen Beschwerden lassen sich durch Antibiotika sowie durch „Präbiotika" lindern, da beide auf die Darmflora Einfluss nehmen. Unter Präbiotika versteht man unverdauliche Nahrungsbestandteile, so genannte Ballaststoffe, die Aktivität und Wachstum günstiger Darmbakterien anregen. Als „Probiotika" werden hingegen Nahrungsmittel und Präparate mit speziellen Bakterien und Hefen bezeichnet. Auf Grund dieser Erfahrung fragen sich Mediziner, inwieweit Wechselwirkungen zwischen Darm und Gehirn auch bei gesunden Menschen eine Rolle spielen. Und sie überlegen, ob die Darmflora bei manchen anderen Erkrankungen des Zentralnervensystems ebenfalls aus dem Gleichgewicht geraten ist. Aber wie sollen Bakterien vom Bauch her auf das Gehirn Einfluss nehmen können?

Diese Hintergründe erforschen Wissenschaftler auf zwei Wegen. Sie arbeiten entweder mit keimfreien – axenischen (nach griechisch: xenos = der Fremde, der Gast) – Nagetieren, die keine Darmflora besitzen. Oder sie manipulieren gezielt eine bestehende Mikrobiota von Tier oder Mensch. Dazu setzen sie etwa Antibiotika ein, was die Bakterienzusammensetzung gravierend verändern kann. In manchen Studien erproben sie die Auswirkungen zugeführter Prä- oder Probiotika beziehungsweise ausgewählter spezieller Bakterien. Manchmal übertragen sie sogar Kotextrakte.

Völlig steril gehaltene Tiere zeigen neben typischen Fehlfunktionen von Organen einige Verhaltensabweichungen. Die Frage lautet, inwieweit sich beides mit bestimmten Bakterien korrigieren lässt. Wohl am auffälligsten ist die übermäßige Stressanfälligkeit solcher Nager. Das entdeckte 2004 ein Forscherteam um Nobuyuki Sudo von der Universität von Kyushu (Japan). Es sperrte Mäuse eine Stunde lang in einem engen Gefäß ein. Direkt nach dieser Behandlung hatten keimfreie Tiere doppelt so viel des Stresshormons Kortikosteron gebildet wie Artgenossen mit normaler Darmbesiedelung. Wissenschaftler von der McMaster University in Hamilton (Kanada) und vom University College Cork (Irland) konnten den Effekt bestätigen. Wir selbst fanden ähnliche Unterschiede später bei Ratten.

Emotionalität abmildern

Die Stressreaktion in belastenden Situationen gleicht sich der von normal gehaltenen Artgenossen an, wenn bislang axenische Mäuse und Ratten probiotische Bakterien erhalten. Das belegen Studien von 2011 und 2012, zum einen von Javier Bravo und Kollegen in Cork, zum anderen von Afifa Ait-Belgnaoui, die in Toulouse beim dortigen Institut national de la recherche agronomique (INRA) arbeitet. Somit wirkt eine Darmmikrobiota offenbar emotional ausgleichend.

Auf Verhaltensebene äußert sich eine Reaktion auf Stress durch Unterschiede etwa in der Kampf- oder Fluchtbereitschaft sowie in der Ängstlichkeit. Besonders für Letzteres gibt es bewährte, viel erprobte Tests für Nager. Zum Beispiel setzt man die Tiere hellem Licht aus oder bringt sie auf eine freie Fläche, wo sie sich nirgends verstecken können, und beobachtet, was sie dann machen:

wie lange sie erstarren, ob sie vorsichtig die Umwelt erkunden und so weiter. Solche Situationen lassen sich in vielfältiger Weise abwandeln und durch Wahl der äußeren Parameter mehr oder weniger Furcht einflößend gestalten. Tiere ohne Darmflora benehmen sich dabei fast immer ungewöhnlich. Allerdings ist das Verhalten artabhängig und sogar je nach Zuchtstamm verschieden. Es weist nicht einmal stets in dieselbe Richtung, ist also insgesamt nicht so eindeutig wie die Stresshormonwerte. Deswegen diskutieren Experten die Ergebnisse teils noch kontrovers. Immerhin pflegt sich das Verhalten von keimfreien Tieren in Angst einflößenden Situationen stets zu normalisieren, wenn man ihnen eine Darmflora verabreicht.

Dass auch beim Menschen Darmbakterien Emotionen beeinflussen können, zeigten 2013 die Medizinerin Kirsten Tillisch und ihre Kollegen von der University of California in Los Angeles. In ihrer Studie nahmen Frauen einen Monat lang einen mit speziellen Probiotika angereicherten Jogurt zu sich. Die Maßnahme bewirkte, dass bestimmte Hirnregionen von ihnen auf negativ behaftete Stimuli, etwa furchtsame oder wütende Gesichter, weniger stark reagierten als bei Frauen der Vergleichsgruppe. Unter anderem maßen die Forscherinnen dabei per Magnetresonanztomografie veränderte neuronale Aktivitäten in Gebieten, die Sinneseindrücke verarbeiten beziehungsweise Emotionen kontrollieren. Im gleichen Jahr wies das Team von Timothy Dinan aus Cork soziale Defizite bei Mäusen ohne Darmflora nach. Die Nager nehmen weniger Kontakt auf und meiden Fremde stärker als normalerweise. Wenn sie die Wahl haben, ziehen sie sich lieber in eine leere Kammer zurück, als einen Raum aufzusuchen, in dem schon ein Artgenosse sitzt, wie andere Mäuse es machen würden. Notfalls bevorzugen sie ein ihnen bekanntes Tier, statt sich wie sonst zuerst mit einem fremden zu befassen. Offensichtlich haben sie übermäßig viel Angst vor Neuem und wenig sozialen Antrieb. Erhalten dieselben Mäuse dann Darmbakterien, wird ihr soziales Verhalten bald ganz normal. Wir selbst beobachteten 2014 bei Ratten: Axenische Tiere meiden nach Möglichkeit fremde Artgenossen, während solche mit Darmflora eher Kontakt suchen. Welche Mechanismen dahinterstehen, wissen die Forscher zwar noch nicht im Einzelnen. Jedoch gibt es bereits Hinweise auf diverse Unterschiede insbesondere auf Molekülebene. Unter anderem scheinen neuronale Botenstoffe (Neurotransmitter wie Dopamin, Serotonin oder Noradrenalin) und Nervenwachstumsfaktoren betroffen. Deren Konzentration verändert sich in einigen Hirnregionen, wenn bislang keimfreie Tiere Probiotika erhalten.

Es liegt von daher nahe, auch für einige neuronale Entwicklungsstörungen und psychische Erkrankungen Verbindungen mit der Darmflora zu prüfen. Im Fall einer hepatischen Enzephalopathie, die komplexe neuropsychiatrische Symptome hervorruft, sind solche Effekte wie gesagt erwiesen. Für andere Erscheinungen, beispielsweise affektive Störungen oder Behinderungen aus dem Autismus-Spektrum, gibt es zumindest schon zahlreiche Hinweise darauf. Wie mehrere Studien nachwiesen, unterscheidet sich die Darmflora autistischer Kinder von der anderer in bestimmter Weise. Das lässt sich etwa an der Stoffwechselaktivität der Mikrobiota des Darms zeigen, was an dafür typischen Spuren im Stuhl und auch im Urin erkennbar ist. Allerdings leiden viele betroffene Kinder häufig an Magen-Darm-Störungen und bekommen deswegen in jungen Jahren öfter Breitbandantibiotika oder müssen streng Diät halten. Schon das allein mag für das bakterielle Ungleichgewicht im Darm verantwortlich sein. Dennoch spricht eine 2013 erschienene Studie dafür, dass die innere Mikrobiota bei Autismus eine Rolle spielen könnte. Ein Forscherteam um Sarkis Mazmanian am

California Institute of Technology (Caltech) in Pasadena hat Mäuse untersucht, die autismusähnliche Symptome zeigen. Sie ziehen sich sozial zurück, fallen durch stereotype Bewegungen auf, sind besonders ängstlich und haben sogar Defizite in der stimmlichen Kommunikation. Aber auch die Zusammensetzung und die Stoffwechselaktivität ihrer Darmflora weisen Besonderheiten auf, die durchaus an diejenigen bei autistischen Kindern erinnern. Als die Forscher solche Nager mit einem Stamm von Bacteroides fragilis behandelten, normalisierte sich deren Mikrobiota – und zugleich wurden die Verhaltenssymptome schwächer.

Ein paar Ergebnisse dieser Art liegen sogar schon für Menschen vor. So führten Richard Sandler vom Rush University Medical Center in Chicago und Sydney Finegold von der University of California in Los Angeles mit ihren Mitarbeitern bereits im Jahr 2000 eine klinische Studie an einigen vier bis sieben Jahre alten autistischen Kindern durch, bei denen sich die Behinderung erst relativ spät, mit über eineinhalb Jahren, gezeigt hatte. In diesen Fällen bestand der Verdacht, dass frühere umfangreiche Antibiotikabehandlungen der Darmflora zugesetzt hatten. Die Mediziner gaben den Kindern das Antibiotikum Vancomycin, das nur bestimmte Gruppen von Darmbakterien angreift, die bei Autisten vermehrt vorkommen (wie übrigens auch bei den „autistischen" Mäusen). Danach wurden die Verhaltensauffälligkeiten der Kinder schwächer, und ihre Ausdrucksfähigkeit nahm zu. Diese postulierten Zusammenhänge wirklich zu belegen und zu verstehen, wird jedoch noch viele Untersuchungen erfordern.

Probiotika gegen Depression?

Wie steht es um affektive Störungen, beispielsweise Depressionen? Bei Nagetieren kann an Schwermut erinnerndes Verhalten auftreten, wenn sie früh von der Mutter getrennt werden oder wenn man bei erwachsenen Tieren den Geruchssinn ausschaltet, der für die soziale und Umweltorientierung dieser Arten besonders wichtig ist. Dass in solch einem Zustand die Zusammensetzung der Darmflora nicht stimmt, haben mehrere Arbeiten nachgewiesen. Für Menschen zeigten Forscher der Shimane-Universität in Izumo (Japan) 2012, dass das Antibiotikum Minocyclin (ein Tetracyclin) Depressionssymptome lindern kann: Traurigkeit, Schlaflosigkeit und Angst. Die Darmflora der Patienten haben die japanischen Forscher allerdings nicht näher untersucht. So wissen wir nicht, ob die Besserungen auf Veränderungen an dieser Stelle zurückgingen oder auf die entzündungshemmenden und sonstigen für Neurone günstigen Eigenschaften des Medikaments. Jedoch profitieren depressive Patienten anderen klinischen Studien zufolge von Probiotika: Die Ängste gehen zurück, die Stimmung wird besser, und der emotionale Zustand stabilisiert sich.

Kontakte der Darmflora zum Gehirn

Die Darmwand besteht aus mehreren Schichten. Von der innersten, der Schleimhautschicht, ragen unzählige Zotten in das Darmlumen hinein. Auf ihnen sitzen die Epithelzellen, die Verdauungssekrete und Schleim bilden und Nahrungsstoffe aufnehmen.

Darunter werden die Zotten von vielen feinen Blutgefäßen und Nervenenden durchzogen.

Zudem befinden sich hier Immunzellen (Bildausschnitt unten Abb. 1, 2).

Im Prinzip kann die Darmflora das Gehirn auf mehreren Wegen beeinflussen. Bakterielle Moleküle können Darmepithelzellen passieren und dann direkt in etwas tiefer liegende feine Blutgefäße übertreten, von denen aus die Substanzen mit dem Blutstrom ins Gehirn gelangen. Oder sie stimulieren Ausläufer von sensorischen Neuronen des „Darmnervensystems", die daraufhin insbesondere via Vagusnerv Signale zum Gehirn schicken. Des Weiteren aktivieren Moleküle von Darmbakterien Drüsenzellen (endokrine Zellen), die zwischen den Epithelzellen liegen; diese schütten daraufhin in die Darmschleimhaut Neuropeptide aus, die ebenfalls auf den beiden beschriebenen Wegen wirken können. Auf Moleküle der Darmflora reagieren auch Immunzellen in der Darmschleimhaut, die Ausläufer zwischen die Epithelzellen strecken; sie bilden dann entzündungsfördernde Zytokine, die im Gehirn weitere Entzündungskaskaden auslösen können. Falls das Darmepithel bei Krankheit oder stressbedingt durchlässig wird, gelangen bakterielle Substanzen noch leichter in die tieferen Schichten. So kommen etwa auch giftige Zersetzungsprodukte in den Körper.

Hierzu gibt es wiederum vergleichbare Befunde an Nagern. Die Gabe des Probiotikums Bifidobacterium infantis hilft Ratten, die vorzeitig der Mutter entrissen wurden, gegen „depressive" Zustände. Und bemerkenswerterweise werden sie nicht nur agiler, sondern es normalisieren sich auch verschiedene physiologische Parameter, die vorher ungewöhnlich waren. Dazu zählen Immunfunktionen und die des Neurotransmitters Noradrenalin. An diesem Boten-

Kontakte der Darmflora zum Gehirn

Die Darmwand besteht aus mehreren Schichten (rechts im großen Bild). Von der innersten, der Schleimhautschicht, ragen unzählige Zotten in das Darmlumen hinein. Auf ihnen sitzen die Epithelzellen, die Verdauungssekrete und Schleim bilden und Nahrungsstoffe aufnehmen. Darunter werden die Zotten von vielen feinen Blutgefäßen und Nervenenden durchzogen. Zudem befinden sich hier Immunzellen (Bildausschnitt unten).

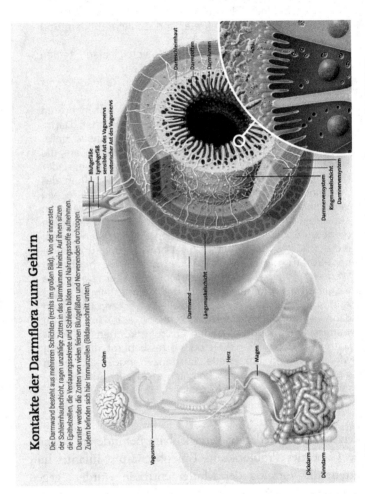

Abb. 1 Die Verbindung des Darms zum Gehirn. (©Spektrum der Wissenschaft, SYLVIE DESSERT)

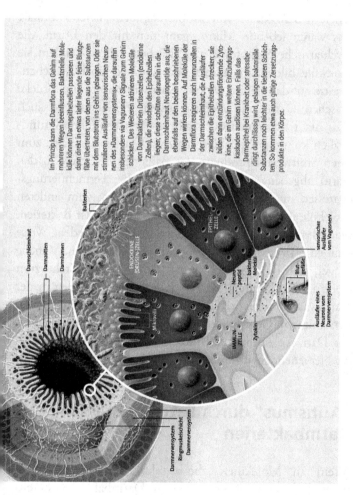

Im Prinzip kann die Darmflora das Gehirn auf mehreren Wegen beeinflussen. Bakterielle Moleküle können Darmepithelzellen passieren und dann direkt in etwas tiefer liegende feine Blutgefäße übertreten, von denen aus die Substanzen mit dem Blutstrom ins Gehirn gelangen. Oder sie stimulieren Ausläufer von sensorischen Neuronen des »Darmnervensystems«, die daraufhin insbesondere via Vagusnerv Signale zum Gehirn schicken. Des Weiteren aktivieren Moleküle von Darmbakterien Drüsenzellen (endokrine Zellen), die zwischen den Epithelzellen liegen; diese schütten daraufhin in die Darmschleimhaut Neuropeptide aus, die ebenfalls auf den beiden beschriebenen Wegen wirken können. Auf Moleküle der Darmflora reagieren auch Immunzellen in der Darmschleimhaut, die Ausläufer zwischen die Epithelzellen strecken; sie bilden dann entzündungsfördernde Zytokine, die im Gehirn weitere Entzündungskaskaden auslösen können. Falls das Darmepithel bei Krankheit oder stressbedingt durchlässig wird, gelangen bakterielle Substanzen noch leichter in die tieferen Schichten. So kommen etwa auch giftige Zersetzungsprodukte in den Körper.

Abb. 2 Der Querschnitt des Darms. (©Spektrum der Wissenschaft, SYLVIE DESSERT)

stoff mangelt es bei einer Depression häufig. Obwohl der Nutzen einer Behandlung mit speziellen Bakterien gegen Depressionen längst nicht zweifelsfrei belegt ist, spricht die Gruppe um Timothy Dinan aus Cork bereits von einer möglichen neuen Klasse von Probiotika: den „Psychobiotika". Das wären lebende Mikroorganismen für den Darm, die psychiatrische Symptome abschwächen helfen – indem sie Moleküle bilden, die direkt oder indirekt über Zwischenschritte auf das Gehirn wirken. Aber wie könnte eine Brücke zwischen Darm und Gehirn aussehen? Genaues ist auch dazu nicht bekannt, jedoch gibt es Anhaltspunkte. Grundsätzlich kommen Moleküle aus zwei Quellen in Frage: zum einen Stoffwechselprodukte der Bakterien, die diese in den Darm abgeben, etwa Fettsäuren, die bei Fermentierungsprozessen im Zuge der Verdauung anfallen; zum anderen Moleküle von Hülle, Wimpern oder Flagellen der Bakterien. Beide Typen von Molekülen könnten auf verschiedene Weise – direkt oder über Vermittler – zum Zuge kommen. Manche mögen ins Blut gelangen und damit selbst direkt zum Gehirn. Teils könnten sie jedoch feine Nervenenden in der Darmwand aktivieren, die dann über den Vagus-Eingeweidenerv mit dem Gehirn kommunizieren. Oder sie regen Zellen der Darmschleimhaut an, ihrerseits Stoffe ins Blut oder an die Nervenenden abzugeben.

„Autismus" durch Fettsäuren von Darmbakterien

Allein an Molekülen, die direkt zum Gehirn transportiert werden könnten, liefern Darmbakterien bereits eine reiche Palette. Durch Infektionen oder Antibiotikabehandlungen, die auf die Darmflora Einfluss nehmen, können manche Substanzen im Übermaß entstehen, die außerhalb des Darms giftig wirken. Bei der erwähnten hepatischen Enzephalopathie wird der Körper unter anderem mit Ammoniak und kurzkettigen Fettsäuren überschüttet, was besonders das Gehirn nicht verträgt. Forscher um Derrick MacFabe von der University of Western Ontario in London (Kanada) konnten 2010 bei Ratten vorübergehend „autistisches" Verhalten hervorrufen, indem sie in deren Gehirn kurzkettige Fettsäuren bakteriellen Ursprungs sowie bestimmte Abkömmlinge davon injizierten, wie Azetat oder Propionat.

Mehr noch: Darmbakterien bilden Moleküle, die menschlichen Neurotransmittern gleichen. Ob diese direkt Nervenenden in der Darmschleimhaut aktivieren, ist noch nicht nachgewiesen. Man weiß allerdings, dass Nervenbahnen an der Kommunikation zwischen Darmflora und Gehirn teilnehmen. Irgendwie müssen die Bakterien also auf das Nervensystem in der Darmwand wirken, das über den Vagusnerv Kontakt zum Gehirn hat. Laut mehreren Studien an Mäusen nimmt die Erregbarkeit von sensorischen Neuronen des Darms bei Zufuhr probiotischer Bakterien ab. 2011 wurde auch nachgewiesen, dass bei durchtrenntem Vagusnerv manche der sonst nach Probiotikagabe beobachteten positiven Veränderungen im Verhalten und bei Stresssituationen nicht stattfinden. Dazu zählen Verbesserungen der Ängstlichkeit bisher axenischer Mäuse, die eine Darmflora erhalten. Nach anderen Untersuchungen wirken nicht alle Moleküle der Darmbakterien selbst direkt auf die Nervenenden im Darm ein. Manche davon beeinflussen endokrine Zellen in der Darmwand. Diese Drüsenzellen bilden daraufhin Neuropeptide, die nun ihrerseits Neuronenaktivitäten verändern. Das kann vor Ort im Darm geschehen, aber via Blutkreislauf auch im Gehirn. Unter anderem helfen die Neuropeptide, Sättigungsgefühle und Angstreaktionen zu regulieren.

Die Darmdrüsenzellen stehen mit den Bakterien über fingerartige Ausstülpungen, die ins Darmlumen hineinragen, in direktem Kontakt. Auf diesen Fingern tragen sie molekulare Rezeptoren. Letztere lassen sich in Zellkulturen von Molekülen aus der Bakterienhülle aktivieren, woraufhin die sekretorischen Zellen das für die Verdauungsorgane wichtige Peptid Cholecystokinin absondern: ein Neurohormon, das im Gehirn zum Beispiel beim Sättigungsgefühl eine Rolle spielt. Ein anderes vielseitiges Molekül, das Neuropeptid Y, nimmt im Blut von Ratten zu, wenn die Nager mit einer Mischung von Prä- und Probiotika gefüttert werden. Dieses Neuropeptid hilft unter anderem, Hungergefühl und Angst zu steuern. Nach einer 2011 veröffentlichten Studie bilden Mäuse mehr Hirnrezeptoren dafür aus, wenn ihre Mutter sie in den ersten Wochen sehr fürsorglich pflegt. Solche Tiere können später besser mit Stress und Angst umgehen.

Gut eingestellte Darmflora: Hilfreich für gesunde Hirnentwicklung

Die Mikrobiota im Darm beeinflusst sogar die Schmerzempfindlichkeit. Wenn Nager einen probiotischen Stamm der Bakterienart Lactobacillus acidophilus zu sich nehmen, wächst die Anzahl von Rezeptoren für Opiate und Cannabinoide auf den endokrinen Zellen des Darms. Das setzt zugleich die Schmerzempfindung der Tiere herab – doch auf welche Weise, bleibt zu untersuchen.

Überdies manipuliert die Darmflora Immunzellen in der Darmschleimhaut. Herrscht im Verdauungsorgan ein bakterielles Ungleichgewicht oder machen sich pathogene Bakterien breit, bilden diese Zellen unter bestimmten Umständen Zytokine, die Entzündungen hervorrufen. Manchmal erreichen solche Moleküle das Gehirn und lösen dort die Produktion anderer entzündungsfördernder Zytokine durch hirneigene Zellen der Mikroglia aus.

Dabei gerät das Nervengewebe in Mitleidenschaft. Infolgedessen treten Verhaltensänderungen auf, wie kein Interesse an der Umwelt, sozialen Kontakten und Fressen oder sogar kognitive Störungen.

Bestimmte probiotische Bakterien, so zeigten Studien an Ratten, helfen dagegen. Dank ihnen sinkt die Konzentration der betreffenden Zytokine im Blut, und gewisse notwendige Neurotransmitter in der Hirnrinde werden nicht mehr zu schnell abgebaut. Eine andere Untersuchung erwies: Wenn die Tiere Stresssituationen ausgesetzt sind, kann Lactobacillus farciminis dafür sorgen, dass die Menge entzündungsfördernder Zytokine im Gehirn nicht so rasch ansteigt. Vermutlich wirken die Bakterien einer zunehmenden Durchlässigkeit der Darmwand infolge von Stress entgegen – wodurch weniger bakterielle Bestandteile zu Immunzellen gelangen, die dann keine Entzündungsstoffe mehr herstellen. Insgesamt wissen wir noch viel zu wenig über die Rolle der Darmflora bei psychischen Erkrankungen und Hirnentwicklungsstörungen. Für einige von ihnen besteht bereits der Verdacht, dass die Zusammensetzung der Darmbakterien dabei zumindest in manchen Fällen eine Rolle spielt: etwa beim Autismus-Spektrum, bei affektiven Störungen wie Depressionen und bei extremen Stimmungsschwankungen, bei Angststörungen oder bei pathologischem Essverhalten. Doch wir müssen die Mechanismen noch besser verstehen, mit denen unsere innere Mikrobiota mit dem Gehirn kommuniziert. Besonderes Augenmerk sollte der frühesten Kindheit gelten, in der sich diese Bakteriengemeinschaft aufbaut – und in der auch das Gehirn entscheidende Entwicklungen erfährt. Offenbar benötigen manche Hirnstrukturen zu ihrer Reifung eine gut eingestellte Darmflora. Wohl deswegen lässt sich die hohe Stressanfälligkeit axenischer Nagetiere mittels bestimmter Mikroben nur dann beheben, wenn die Behandlung bald nach der Geburt erfolgt.

Vor allem zur Darmflora von möglicherweise betroffenen Menschen gibt es längst noch nicht genug Daten, um gute Therapien zu entwickeln. Hier hoffen wir auf weitere Fortschritte bei Metagenomanalysen. Damit würde eine Bestimmung unseres inneren Mikrobioms leichter. Bereits recht ermutigend sind die Studien an Nagetieren mit Pro- und Präbiotika. Kämen sogar Stuhlübertragungen als Behandlung in Frage? Eine Studie von 2011 stimmt optimistisch: Wissenschaftler um Premysl Bercik von der McMaster University in Hamilton (Ontario, Kanada) haben die Darmflora von Mäusen eines ängstlichen Stamms durch die einer forscheren Zuchtlinie ausgetauscht. Und wirklich machte das neue Innenleben die Tiere mutiger.

Aus: Spektrum der Wissenschaft, März 2016.

Literatur

Crumeyrolle-Arias M et al (2014) Absence of the Gut Microbiota enhances anxiety-like behavior and neuroendocrine response to acute stress in rats. Psychoneuroendocrinology 42:207–217

Gilbert JA et al (2013) Toward effective probiotics for autism and other neurodevelopmental disorders. Cell 155:1446–1448

Rabot S et al (2016) Impact of the Gut Microbiota on the Neuro-endocrine and Behavioural Responses to Stress in Rodents. Oilseeds and Fats, Crops and Lipids 23:D116

Valérie Daugé, Mathilde Jaglin, Laurent Naudon und Sylvie Rabot forschen oder forschten (Jaglin, heute: Universität Pau) am MICALIS-Institut in Jouy-en-Josas bei Paris.

Neuer Forschungsansatz: Nützliche Viren im Darm

Yao Wang und Julie K. Pfeiffer

Bestimmte Viren sind in der Lage, die unterstützende Rolle von Darmbakterien in Säugetieren zu übernehmen. Viren müssen also nicht immer gefährlich sein – sie könnten sogar die Gesundheit ihres Wirts fördern.

Eine reiche Vielfalt an Mikroorganismen, darunter Bakterien, Archaebakterien, Pilze und Viren, bevölkert den Verdauungstrakt von Säugetieren. Darmbakterien nutzen dem Wirt, indem sie ihn bei der Nahrungsverwertung unterstützen, die Entwicklung von Immunzellen vorantreiben und vor Schädigungen schützen. Es ist jedoch unklar, ob andere Teile des Mikrobioms eine ähnliche Rolle übernehmen. Viren sind dabei noch relativ wenig erforschte Mitglieder der mikrobiellen

Y. Wang · J. K. Pfeiffer (✉)
Dallas, Texas, USA

© Springer-Verlag GmbH Deutschland, ein Teil von Springer Nature 2020
K. Burger (Hrsg.), *Super-Food für Wissenshungrige!*,
https://doi.org/10.1007/978-3-662-61464-8_26

Darmflora. Im Säugetierdarm gelten sie generell eher als gesundheitsschädlich. Doch Elisabeth Kernbauer von der New York University School of Medicine hat zusammen mit ihren Kollegen gezeigt: In Abwesenheit von Darmbakterien fördern Säugerviren die Homöostase, also die Aufrechterhaltung eines gesunden Gleichgewichts im Verdauungstrakt, und schützen ihn vor Schädigungen sowie Krankheitserregern. Viren im Säugetierdarm könnten also dem Wirt in manchen Fällen durchaus nützen.

Die Gesamtheit der im Darm vorkommenden Viren – das intestinale Virom – umfasst solche, die Bakterien infizieren (Bakteriophagen), Archaeviren, Pflanzenviren und Säugerviren. Bakteriophagen gibt es reichlich, während sich Säugerviren nur gelegentlich nachweisen lassen. Letztere umfassen pathogene Viren, die nach Ausheilen der Krankheit im Körper verbleiben; harmlose Arten, die oft auch bei gesunden Individuen vorkommen; sowie bislang nicht genauer charakterisierte, deren Nukleinsäuresequenzen mit jener bekannter Viren nur wenig übereinstimmen.

„Keimfreie" Mäuse

Ein recht verbreitetes Mitglied des intestinalen Mäuseviroms ist das Mäuse-Norovirus (MNV), von dem mehrere Stämme in Tierforschungseinrichtungen entdeckt wurden. Es ruft in Nagern mit einem funktionierenden Immunsystem im Allgemeinen keine Symptome hervor, wohingegen einige immungeschwächte Mäuse durch es erkranken. Die Forscher um Kernbauer untersuchten anhand von drei repräsentativen MNV-Stämmen, ob sich die Homöostase des Verdauungstrakts durch Viren beeinflussen lässt. Dazu verwendeten sie „keimfreie" Mäuse, denen das natürliche Mikrobiom fehlt. Der Mangel an nützlichen Bakterien führt zu Veränderungen des Darms und einer fehlerhaften Entwicklung von Lymphozyten, einer Gruppe wichtiger Immunzellen. Mit Antibiotika behandelte Mäuse zeigen ebenfalls solche Anomalien. Kernbauer und ihre Kollegen wiesen nach, dass eine Infektion mit MNV viele dieser Defekte beheben konnte.

Zum Beispiel erlangten die ungewöhnlich dünnen Zotten (Ausstülpungen der Schleimhaut) ihre normale Dicke zurück. Die Paneth-Zellen der Darmwand produzierten wieder die übliche Menge an Granula mit antimikrobiellen Stoffen. Zudem normalisierte sich die Anzahl an CD4- und CD8-positiven T-Zellen (zwei Lymphozytentypen), deren Produktion immunstimulierender Moleküle, die Menge an Antikörpern sowie die Population angeborener lymphoider Zellen, einer weiteren Klasse intestinaler Immunzellen. So konnte ein einziger Virustyp viele Beeinträchtigungen beseitigen, die durch das Fehlen von Bakterien in keimfreien und antibiotikabehandelten Mäusen entstanden.

Dieses Virus scheint also einige Aufgaben des Mikrobioms zu ersetzen. Aber können dann virale Infektionen keimfreien Mäusen auch dabei helfen, Krankheiten, Verletzungen oder Infektionen mit pathogenen Bakterien zu bekämpfen? Um das zu testen, hat das Team um Kernbauer normale und mit Antibiotika behandelte Mäuse mit einer den Darm schädigenden Chemikalie behandelt und untersucht, ob sich die Anzahl überlebender Tiere durch eine MNV-Infektion ändert. Ergebnis: Durch die Chemikalie starben mehr antibiotikabehandelte als herkömmliche Nager, jedoch verbesserte eine MNV-Infektion das Überleben Ersterer. Ebenso war eine Infektion mit krankheitserregenden Bakterien nach Antibiotikabehandlung schädlicher als ohne, aber eine virale Infektion minderte wiederum die Symptome dieser Mäuse. Somit kann eine MNV-Infektion das Mikrobiom funktionell ersetzen und den Gesundheitszustand der Tiere verbessern.

Mikroorganismen im Mäusedarm

Im Darm normaler Mäuse findet sich eine vielfältige Population von Mikroorganismen (links). Dazu gehören Bakterien, welche die Gewebsarchitektur aufrechterhalten und die Entwicklung von Lymphozyten (T- und B-Zellen) vorantreiben. Letztere produzieren Antikörper und andere Moleküle, die das Immunsystem stimulieren. Mäuse ohne Mikrobiom haben einen veränderten Darmaufbau, zum Beispiel dünnere Zotten sowie eine eingeschränkte Lymphozytenentwicklung (Mitte). Dadurch sind sie anfälliger für Verletzungen und bakterielle Erreger. Eine ähnliche Situation tritt bei Mäusen auf, die mit Antibiotika behandelt wurden. Die Infektion solcher Tiere mit dem Mäuse-Norovirus (MNV) kann die korrekte Struktur und Immunfunktion des Darms wiederherstellen (rechts) (Abb. 1).

Zwar werden intestinale Säugerviren generell als schädlich für den Wirt angesehen, doch haben bereits frühere Studien einen positiven Effekt viraler Infektionen in anderem Zusammenhang nachgewiesen. Zum Beispiel können Herpesviren bakterielle Infektionen unterdrücken, und Retroviren waren an der Evolution der Plazenta beteiligt. Weitere nichtpathogene Viren im Ver-

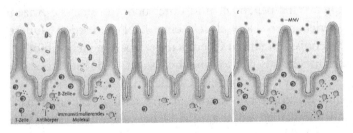

Abb. 1 Prozesse im Mäusedarm, © WANG, Y., PFEIFFER, J. K.: A BACKUP FOR BACTERIA. IN: NATURE 516, S. 42–43, 2014, Abb. 1. (Copyright © 2014, Springer Nature)

dauungstrakt dürften in „kommensalen" Gemeinschaften vorkommen, in denen sich das Virus vermehrt, ohne den Wirt zu schädigen, oder sogar in mutualistischen Verbindungen, von denen beide – Virus und Wirt – profitieren. Zukünftige Untersuchungen müssten ermitteln, wie häufig und dauerhaft diese Viren im Mikrobiom zu finden sind, in welchen Säugetieren sie vorkommen und was sie bewirken.

Weiterhin offen bleibt die Frage, ob intestinale Säugerviren dem Wirt auch im Rahmen einer normalen Darmflora nützen. Kernbauers Studie untersuchte den positiven Effekt von MNV an Mäusen, denen ein Mikrobiom fehlt oder die mit mehreren Antibiotika behandelt wurden.

Vielleicht würde der Vorteil eines intakten Mikrobioms den Nutzen einer therapeutischen Virusinfektion überdecken. Bereits bekannt ist jedoch, dass ein bestimmter darin vorkommender Bakterientyp (segmented filamentous bacteria) Entzündungsreaktionen fördert. Ähnlich spezifische Effekte könnten daher auch gewisse intestinale Viren hervorrufen, sogar in einem gesunden Wirt mit einem normalen Mikrobiom. In der Tat beobachtete das Team um Kernbauer, dass die drei eng verwandten MNV-Stämme leicht unterschiedliche Reaktionen in den keimfreienMäusen auslösten – also sehr spezifisch wirkten. Könnten intestinale Säugerviren am Ende vielleicht als Probiotika nützlich sein? Beim Menschen können Darmentzündungen auf den Gebrauch von Antibiotika, genetische Anlagen und andere Faktoren zurückgehen. In manchen Fällen heilen Fäkaltransplantationen eines gesunden Spenders – im Prinzip eine Übertragung eines intakten intestinalen Mikrobioms – solche Krankheiten. Vielleicht könnten bestimmte Darmviren ebenfalls Symptome lindern. Zudem beruht der Nutzen von Fäkaltransplantationen möglicherweise auf Viren innerhalb der Spenderproben. Zukünftige Studien des intestinalen Viroms sollten Antworten auf diese Fragen liefern.

Aus: Spektrum der Wissenschaft, Juni 2015.
  Übersetzung aus: Nature 516, S. 42–43, 04. Dezember 2014.

Yao Wang and Julie K. Pfeiffer forschen im Department of Microbiology an der University of Texas Southwestern Medical Center, Dallas, Texas, USA.

Spektrum
DER WISSENSCHAFT

KOMPAKT
Themen auf den Punkt gebracht

Ob A wie Astronomie oder Z wie Zellbiologie: Unsere **Spektrum KOMPAKT**-Digitalpublikationen stellen Ihnen alle wichtigen Fakten zu ausgesuchten Themen als PDF-Download zur Verfügung – schnell, verständlich und informativ! Ausgewählte **Spektrum KOMPAKT** gibt es auch im Printformat!

€ 4,99
je Ausgabe

▶ Bestellmöglichkeit und mehr als 200 weitere Ausgaben:
www.spektrum.de/kompakt

UNSPLASH / JOSEPHINE BREDEHOFT (https://unsplash.com/photos/hbCE86vNDA0)

Printed in the United States
By Bookmasters